职业技能鉴定指导

焊 工

（初级、中级、高级）

人力资源和社会保障部教材办公室　组织编写

编 审 人 员

主　编　邱葭菲

编　者　陈倩清　蔡郴英　王瑞权　张　伟

　　　　林　波　熊志军

审　稿　谢长林

中国劳动社会保障出版社

图书在版编目（CIP）数据

焊工：初级 中级 高级/邱葭菲主编. —北京：中国劳动社会保障出版社，2014
职业技能鉴定指导
ISBN 978-7-5167-0778-4

Ⅰ.①焊… Ⅱ.①邱… Ⅲ.①焊接-技术培训-教材 Ⅳ.①TG4

中国版本图书馆 CIP 数据核字（2014）第 040422 号

中国劳动社会保障出版社出版发行
（北京市惠新东街 1 号　邮政编码：100029）

*

三河市华骏印务包装有限公司印刷装订　新华书店经销
787 毫米×1092 毫米　16 开本　13.75 印张　305 千字
2014 年 3 月第 1 版　2023 年 11 月第 9 次印刷
定价：28.00 元
营销中心电话：400－606－6496
出版社网址：http：// www.class.com.cn

修订说明

1994 年以来,人力资源和社会保障部职业技能鉴定中心、教材办公室和中国劳动社会保障出版社组织有关方面专家,依据《中华人民共和国职业技能鉴定规范》,编写出版了《职业技能鉴定教材》(以下简称《教材》)及其配套的《职业技能鉴定指导》(以下简称《指导》)200 余种,作为考前培训的权威性教材,受到全国各级培训、鉴定机构的欢迎,有力地推动了职业技能鉴定工作的开展。

人力资源和社会保障部从 2000 年开始陆续制定并颁布了《国家职业技能标准》。同时,社会经济、技术不断发展,企业对劳动力素质提出了更高的要求。为适应新形势,为各级培训、鉴定部门和广大受培训者提供优质服务,教材办公室组织有关专家、技术人员和职业培训教学管理人员、教师,依据新颁布《国家职业技能标准》和企业对各类技能人才的需求,针对市场反响较好、长销不衰的《教材》和《指导》进行了修订工作。这次修订包括维修电工、焊工、钳工、电工、无线电装接工 5 个职业的《教材》和《指导》,共 10 种书。

本次修订的《教材》和《指导》主要有以下几个特点:

第一,依然贯彻"考什么,编什么"的原则,保持原有《教材》和《指导》的编写模式,并保留了大部分内容,力求不改变培训机构、教师的使用习惯,便于读者快速掌握知识点和技能点。

第二,体现新版《国家职业技能标准》的知识要求和技能要求。由于《中华人民共和国职业技能鉴定规范》已经作废,取而代之的是《国家职业技能标准》,所以,修订时,在保证原有教材结构和大部分内容的同时增加了新版《国家职业技能标准》增加的知识要求和技能要求,以满足鉴定考核的需要。

第三,体现目前主流技术设备水平。由于旧版教材编写已经十九年,当今技术有很大进步、技术标准也有更新,因此,修订时,删除淘汰过时技术、装备,采用新的技术,同时按照最新的技术标准修改有关术语、图表和符号等。

第四,改善教材内容的呈现方式。在修订时,不仅将原有教材的疏漏一一订正,同时,对原有教材的呈现形式进行丰富,增加了部分图表,使教材更直观、易懂。

　　本书由浙江机电职业技术学院邱葭菲主编，陈倩清、蔡郴英、王瑞权、张伟、林波、熊志军参与编写；谢长林审稿。本书在编写过程中，廖凤生、蔡秋衡、宋中海、舒旭春、薛剑彪、申文志、栾淑琴、田桂土、陈利华、涂晓龙等专家提出了宝贵意见，在此一并表示感谢。

　　编写教材和指导有相当的难度，是一项探索性工作，不足之处在所难免，欢迎各使用单位和个人提出宝贵意见和建议，以使教材日渐完善。

人力资源和社会保障部教材办公室

目 录

第1部分 初 级 焊 工

第 2 部分　中 级 焊 工

第 3 部分　高 级 焊 工

第1部分

初级焊工

初级焊工理论知识练习题

一、填空题（把正确的答案填在横线空白处）

1. _____是指金属在外力作用时表现出来的性能。

2. 金属力学性能包括_____、_____、_____、_____及_____等。

3. 强度是指材料在外力作用下抵抗_____和_____的能力。

4. 金属材料的塑性一般用拉伸试棒的_____和_____来衡量。

5. 硬度指标可分为_____、_____、_____等。

6. 金属材料传导热量的性能称为_____。

7. 铝合金按其成分和工艺特点可分为_____和_____两类。

8. 金属的物理性能包括_____、_____、_____、_____和_____等。

9. 耐热钢是指在高温下具有良好的_____性和较高_____的钢。

10. 不锈钢是指以_____、_____性为主要特性，且铬的质量分数至少为_____，碳的质量分数最大不超过_____的钢。

11. 金属材料传导电流的性能称为_____，其衡量指标是_____。

12. 金属从固态向液态转变时的温度称为_____。

13. 焊缝符号一般由_____、_____、_____、_____及_____组成。

14. 表示焊缝表面齐平的符号是_____；表示焊缝有永久衬垫的符号是_____；表示环绕焊件周围焊缝的符号是_____。

15. 在物质内部，凡是原子呈无序堆积状况的称为_____；相反，凡是原子作有序、有规则排列的称为_____。

16. 金属由液态转变为固态的过程称为_____。

17. 根据加热、冷却方法的不同，热处理可分为_____、_____、_____和_____等。

18. 金属在固态下随温度的改变，由一种晶格转变为另一种晶格的现象叫做_____。

19. 铁素体、奥氏体、渗碳体、珠光体、莱氏体分别用符号_____、_____、_____、_____和_____表示。

20. 渗碳体中碳的质量分数是_____，珠光体中碳的质量分数是_____，莱氏体中碳的质量分数是_____。

21. 凡_____和_____都不随时间变化的电流称为_____；反之称为_____。

22．电流的磁效应现象说明_____。

23．磁感线是闭合回线，在磁铁内部从_____极到_____极，在磁铁外部从_____极到_____极。

24．某一正弦交流电，在（1/20）s 时间内变化了三周，那么这个正弦交流电的周期为_____ s，频率为_____ Hz，角频率为_____ rad/s。

25．相电压是_____间的电压，线电压是_____之间的电压。

26．生产中常把淬火及高温回火的复合热处理工艺称为_____。

27．电流表使用时应_____待测电路中，电压表使用时应与待测电路_____。

28．分体式弧焊机分别由一台独立的_____和一台独立的_____组成。

29．分体式弧焊机串联电抗器通过改变_____大小调节焊接电流。

30．同体式弧焊机由一台具有_____的降压变压器及一个_____组成。

31．硅整流弧焊机由_____、_____、_____、_____及_____等组成。

32．晶闸管弧焊机由_____、_____、_____、_____等几部分组成。

33．电弧具有两个特性，即能放出_____和_____。

34．直流电弧由_____、_____和_____组成。

35．电弧是一种_____的现象。

36．引弧时必须有较高的_____，才能使两极间高电阻的接触处击穿。

37．分体式弧焊变压器有_____、_____两种。其中_____式、小电流焊接时电弧不稳定。

38．直流弧焊发电机由一台_____和一台_____组成。

39．硅整流焊机采用_____作为整流元件。晶闸管整流弧焊机采用_____作为整流元件。

40．埋弧焊时，若焊剂层太薄，电弧保护不好，容易产生_____或_____；若焊剂层太厚，焊缝变窄，_____减小。

41．手工 TIG 焊主要按_____、_____和_____来选取钨极直径。

42．手工 TIG 焊时，增大喷嘴直径的同时应增加_____，常用喷嘴直径以_____为宜。

43．焊后焊件在一定温度范围再次加热而产生的裂纹叫做_____；一般发生在_____。

44．焊接时，焊接构件中沿钢板轧层形成的阶梯状的裂纹叫做_____。

45．在其他条件不变的情况下，焊接速度增加时，气孔倾向_____；焊接电流增大时，气孔倾向_____；电弧电压升高时，气孔倾向_____。

46．焊条电弧焊适用于_____钢、_____钢、_____钢、_____钢和

_____钢等各种材料的焊接。

47．焊条电弧焊可以进行_____、_____、_____、_____等各种位置的焊接，故应用广泛。

48．焊条电弧焊与气焊和电渣焊相比，_____细，_____小，_____好。

49．焊条电弧焊时，焊工的_____和_____直接影响产品质量的好坏。

50．焊接参数是指_____。

51．焊条电弧焊主要根据_____、_____和_____选择焊条。焊一般碳钢和低合金钢主要按_____原则选择焊条的强度级别。

52．焊条电弧焊选择焊接电流需考虑的因素很多，但主要是_____、_____和_____。

53．焊条电弧焊计算焊接电流的经验公式是_____。

54．电弧越长，电弧电压越_____，焊接生产中尽可能采用_____焊接。

55．氩弧焊是利用_____保护的一种电弧焊接方法。

56．氩弧焊电离势高，引弧困难，需要采用_____引弧及_____装置。

57．氩弧焊应根据_____、_____和_____选择焊接电流。

58．焊接裂纹的特征是具有_____。

59．预热的目的是降低_____，改善_____。

60．碱性焊条的熔渣具有较强的_____、_____能力。

61．焊后立即将焊件的全部（或局部）进行加热或保温，随后缓冷的工艺措施叫做_____。它能使焊接头中的_____有效地逸出，所以是防止_____的重要措施。

62．焊接时，熔池中的气泡在凝固时未能逸出，残存下来形成的空穴叫做_____。

63．由于焊接参数选择不当，或操作工艺不正确，沿焊趾的母材部位产生的沟槽或凹陷叫做_____。

64．熔焊时，焊道与母材之间或焊道与焊道之间未完全熔化结合的部分叫做_____，其防止措施有_____、_____等。

65．焊后残留在焊缝中的熔渣叫做_____。

66．焊穿的根本原因是_____。

67．氢引起钢的塑性严重下降的性质叫做_____。

68．通常氧以_____和_____两种形式溶解在液态铁中。

69．涂有_____的供焊条电弧焊用的熔化电极叫做_____，它由_____和_____两部分组成。

70．压涂在焊芯表面的涂料层叫做_____。

71．焊条药皮按其在焊接过程中的作用可分为_____、_____、_____、_____、_____和_____。

72. 焊芯用钢材可分为_____、_____和_____三大类。

73. 熔炼焊剂的主要优点是_____，可以获得_____的焊缝。

74. 焊条按用途不同可分为_____、_____、_____、_____、_____、_____、_____、_____、_____。

75. 焊剂可分为_____、_____和_____三种。

76. 焊丝按其截面形状及结构可分为_____焊丝和_____焊丝。

77. 两焊件表面构成大于或等于 135°、小于或等于 180° 夹角的接头叫做_____。

78. 不开坡口的对接接头用于_____焊件。

79. 开坡口的对接接头用于_____的焊件。

80. 带垫板的 V 形坡口常用于_____的焊件。

81. 对接接头常用的坡口形式有_____、_____和_____三种。

82. 带垫板的 V 形坡口是坡口背面放置一块_____的垫板。

83. 角接接头根据焊件厚度不同，接头形式可分为_____和_____两种。

84. 两焊件部分重叠构成的接头叫做_____。根据结构形式对强度的要求不同，可分为_____、_____和_____三种形式。

85. 应用最广泛的四种接头形式是_____、_____、_____和_____。

86. 根据设计或工艺需要，在焊件的待焊部位加工成一定几何形状的沟槽叫做_____。

87. 焊件上的坡口表面叫做_____。

88. 焊接前在焊接接头根部之间预留的空隙叫做_____。

89. 焊件开坡口时，沿焊件厚度方向未开坡口的端面部分叫做_____。

90. 平板对接接头可分为_____、_____、_____、_____四种。

91. 管板角接接头可分为_____和_____两类。

92. 根据管子厚度和试件位置不同，管子对接可分为_____、_____、_____、_____和_____等几种。

93. 单道焊缝横截面中，两焊趾之间的距离叫做_____。

94. 对接焊缝中，超出表面焊趾连线上面的那部分焊缝金属的高度叫做_____。

95. 在焊接接头横截面上，母材熔化的深度叫做_____。

96. 余高使焊缝的_____增加，但却使焊趾处产生_____。

97. 根据角焊缝的外表形状，角焊缝可分为_____和_____两大类。

98. 埋弧焊时，在其他条件不变的情况下，增加焊丝外伸长度，焊缝余高_____。

99. 埋弧焊时，焊剂的_____、_____、_____和_____均对焊缝形状有一定影响。

100. 埋弧焊时，若熔渣黏度过大，使熔渣的_____性不良，熔池结晶时_____排出困难，使焊缝表面形成许多_____，成形恶化。

101. 选择碳弧气刨刨削电流的经验公式是_____。

102. 碳棒与刨件沿刨槽方向的夹角称为_____。

103. 碳棒从钳口到电弧端的长度称为_____。

104. 碳弧气刨引弧时，应先_____后_____，否则易产生_____和_____，电弧引燃瞬间不宜_____，以免_____。

105. 碳弧气刨时，当电弧引燃后，开始刨削速度宜_____，否则易产生_____。

106. 碳弧气刨在刨削过程中，碳棒不应_____和_____，只能_____；刨削时手把要稳，看好_____，碳棒要端正，倾角应_____，调整碳棒伸出长度时不应_____，以利于_____。

107. 碳弧气刨结束时，应先_____，并应过几秒钟后才_____，以使碳棒_____。

108. 对于凸形角焊缝，焊脚_____焊脚尺寸；对于凹形角焊缝焊脚_____焊脚尺寸。

109. 碳弧气刨枪有_____、_____两种形式，目前使用最广泛的是_____。

110. 碳弧气刨用设备和工具包括_____、_____、_____和_____。

111. 碳弧气刨枪的作用是_____、_____和_____。

112. 碳弧气刨时的压缩空气压力一般为_____。

113. 若其他条件不变，电弧电压增大，熔宽_____。

114. 装焊夹具按其所起的作用不同可分为_____、_____、_____和_____四类。

115. _____工具用于将所装配零件的边缘拉到规定的尺寸。

116. 装焊夹具按夹具的作用原理不同可分为_____、_____、_____和_____五类，其中_____是目前应用最广泛的一种夹紧机构。

117. 螺旋压夹器按用途不同可分为_____、_____、_____和_____四类。

118. 螺旋拉紧器主要在装焊作业中_____工件，_____工件形状，防止_____时使用。

119. 夹紧工具的作用是_____。

120. 压紧工具的作用是_____。

121. 拉紧工具的作用是_____。

122. 装焊夹具按作用力不同可分为_____、_____、_____、_____和_____五类。

123. 气动夹紧器除用于_____工件外，还用于_____工件，控制和矫正焊件的_____。

124. 焊接变位机械可分为_____、_____、_____和

_____四大类。

125．焊接变位机械是利用_____的作用将工件改变位置，以最有利的位置实施装配和焊接，缩短_____时间，提高_____，减轻工人_____，改善_____。

126．滚轮架是借助焊件与主动滚轮间的_____带动圆筒形焊件旋转的机械装置，主要用于_____工件间的装配与焊接。

127．升降机是用来将_____升降到所需高度的装置。

128．焊剂垫的作用是_____和_____。

129．橡皮膜式焊剂垫的长度一般应不超过_____，否则容易造成_____。

130．圆盘式焊剂垫适用于_____焊接。

131．采用压缩空气输送焊剂时必须装设_____，以消除压缩空气中的_____和_____。

132．焊接操作机按结构形式可分为_____、_____、_____和_____四类。

133．盘式除锈机用于焊前清除_____。

134．90°角尺是用于划_____线和_____线的导向工具。

135．划针是直接在工作面上_____的工具。

136．样冲用于在已画好的线上_____。

137．钢直尺主要用来_____，_____，也作为_____的导向工具。

138．游标卡尺可以直接测量出工件的_____、_____和_____。

139．平面划线的基本操作方法有_____、_____、_____和_____四种。

140．常用的錾子有_____和_____两种。_____用于錾削平面、錾断金属和去除毛刺；_____用于开槽。

141．手锯由_____和_____两部分组成，并分为_____和_____两种。

142．锯条的安装不应过松或过紧，否则易_____和_____。

143．锯削的起锯方法有_____和_____两种。起锯时，将锯条对准锯削的_____。

144．锉刀根据截面形状不同分为_____、_____、_____和_____，其中_____应用最多。

145．锉削方法有_____和_____两种。

146．工业上常用_____法制取氧气。

147．气焊低碳钢时常使用_____焰。

148．减压阀的作用是_____。

149．氧与乙炔的混合比 β 在_____时为中性焰；β_____时为氧化焰；β_____时为碳化焰。

150．气焊参数有_____、_____、_____和_____等。

151. 放样的步骤有_____、_____和_____。

152. 型钢弯形的方法有_____和_____两种。

153. 热压前坯料必须先进行加热，加热温度的高低与_____有关。

154. 小火弯板成形是采用_____将钢板局部加热，然后_____快速冷却收缩成形的方法。

155. 冷作构件常用的连接方法有_____、_____和_____等。

156. 焊接是通过_____、_____或_____，并且用或不用_____，使焊件达到_____的一种加工方法。

157. 铆接的形式有_____、_____和_____等。

158. 胀接的结构形式有_____、_____、_____和_____四种。

二、选择题（请将正确答案的代号填入括号中）

1. 金属材料在无数次交变载荷作用下而不至于破坏的最大应力称为（　　）。
   - A. 蠕变强度
   - B. 抗拉强度
   - C. 冲击韧度
   - D. 疲劳强度

2. 使金属引起疲劳的是（　　）载荷。
   - A. 静
   - B. 冲击
   - C. 交变
   - D. 交变和冲击

3. 金属材料的磁性与其（　　）有关。
   - A. 成分和温度
   - B. 电阻率和成分
   - C. 导热度和成分
   - D. 导热率和温度

4. 金属材料在冷弯试验时，其冷弯角度越大，则金属材料的（　　）越好。
   - A. 疲劳强度
   - B. 屈服强度
   - C. 塑性
   - D. 硬度

5. 零件工作时所承受的应力大于材料的屈服强度时，将会发生（　　）。
   - A. 断裂
   - B. 塑性变形
   - C. 弹性变形

6. 不锈钢要达到不锈、耐腐蚀的目的，必须使钢中的（　　）质量分数大于10.5%。
   - A. 铬
   - B. 镍
   - C. 钛
   - D. 锰

7. 精密量具应选用（　　）小的金属来制造。
   - A. 导电性
   - B. 电阻率
   - C. 热膨胀性
   - D. 导热性

8. （　　）型不锈钢的焊接性最好。
   - A. 奥氏体
   - B. 马氏体
   - C. 铁素体
   - D. 珠光体

9. 能够完整地反映晶格特征的最小几何单元称为（　　）。
   - A. 晶粒
   - B. 晶胞
   - C. 晶体
   - D. 晶核

10. （　　　）是绝大多数钢在高温进行锻造和轧制时所要求的组织。
    A. 渗碳体　　　　　　　　　　　　B. 马氏体
    C. 铁素体　　　　　　　　　　　　D. 奥氏体

11. 液火的目的是得到（　　　）组织。
    A. 奥氏体　　　　　　　　　　　　B. 铁素体
    C. 马氏体或贝氏体　　　　　　　　D. 渗碳体

12. 通电导体在磁场中所受作用力的方向可用（　　　）来确定。
    A. 右手定则　　　　　　　　　　　B. 左手定则
    C. 右手螺旋定则　　　　　　　　　D. 左手螺旋定则

13. 用电流表测得的交流电流的数值是交流电的（　　　）值。
    A. 有效　　　　　B. 最大　　　　　C. 瞬时　　　　　D. 平均

14. 变压器都是利用（　　　）工作的。
    A. 楞次定律　　　　　　　　　　　B. 电磁感应原理
    C. 电流磁效应原理　　　　　　　　D. 欧姆定律

15. 保护接地防触电措施适用于（　　　）电源。
    A. 一般交流　　　　　　　　　　　B. 直流
    C. 三相三线制交流　　　　　　　　D. 三相四线制交流

16. 对于焊条电弧焊，应采用具有（　　　）曲线的电源。
    A. 陡降外特性　　　　　　　　　　B. 缓降外特性
    C. 水平外特性　　　　　　　　　　D. 上升外特性

17. 同体式弧焊机通过调节（　　　）来调节焊接电流。
    A. 电抗器铁心间隙　　　　　　　　B. 一次、二次绕组间距
    C. 空载电压　　　　　　　　　　　D. 短路电流

18. 动铁漏磁式弧焊机活动铁心的作用是（　　　）。
    A. 避免形成磁分路，便于调节焊接电流
    B. 形成磁分路，减少漏磁
    C. 形成磁分路，造成更大的漏磁
    D. 减少漏磁，以获得下降外特性

19. 动圈式弧焊机通过调节（　　　）来调节焊接电流。
    A. 电抗器铁心间隙　　　　　　　　B. 一次、二次绕组间的距离
    C. 空载电压　　　　　　　　　　　D. 短路电流

20. （　　　）区对焊条与母材的加热和熔化起主要作用。
    A. 阴极　　　　　　　　　　　　　B. 弧柱
    C. 阳极　　　　　　　　　　　　　D. 阴极和阳极

21. 电弧直流反接时，加热工件的热量主要是（　　　）。
    A. 电弧热　　　　　　　　　　　　B. 阳极斑点热
    C. 阴极斑点热　　　　　　　　　　D. 化学反应热

22. 电弧区域温度分布是不均匀的，（　　　）区的温度最高。

    A. 阴极　　　　　B. 阳极　　　　　C. 弧柱　　　　　D. 阴极斑点

23. 电弧静特性曲线呈（　　）。
    A. L形　　　　　B. 上升形　　　　C. U形　　　　　D. 陡降形

24. 焊接电源输出电压与输出电流之间的关系称为（　　）。
    A. 电弧静特性　　　　　　　　　B. 电源外特性
    C. 电源动特性　　　　　　　　　D. 电源调节特性

25. 输出电压随输出电流的增大而下降的外特性是（　　）。
    A. 上升外特性　　　　　　　　　B. 水平外特性
    C. 下降外特性　　　　　　　　　D. 缓升外特性

26. 弧焊变压器获得下降外特性的方法是（　　）。
    A. 焊接回路中串一可调电感　　　B. 焊接回路中并一可调电感
    C. 焊接回路中串一可调电阻　　　D. 焊接回路中并一可调电阻

27. 同体式弧焊机结构中，电抗器铁心中间留有可调的间隙 δ，以调节（　　）。
    A. 空载电压　　　　　　　　　　B. 电弧电压
    C. 短路电流　　　　　　　　　　D. 焊接电流

28. 动圈式弧焊变压器是依靠（　　）来获得下降外特性的。
    A. 漏磁　　　　　　　　　　　　B. 串联电抗器
    C. 串联镇定变阻器　　　　　　　D. 活动铁心

29. 焊条电弧焊在焊接同样厚度的T形接头时，焊条直径应比焊接对接接头用的直径（　　）。
    A. 小些　　　　　B. 大些　　　　　C. 一样大　　　　D. 都可以

30. 埋弧焊由于使用的焊接电流较大，对于厚度在（　　）mm以下的板材可以不开坡口，采用双面焊接，以达到全焊透的要求。
    A. 12　　　　　　B. 18　　　　　　C. 20　　　　　　D. 16

31. 用手工TIG焊焊接铝、镁及其合金时，采用（　　）最佳。
    A. 直流正极性　　　　　　　　　B. 直流反极性
    C. 交流电源　　　　　　　　　　D. 直流正接或反接

32. （　　）是提高焊缝金属强度，降低塑性和韧性的元素。
    A. 氢　　　　　　B. 氧　　　　　　C. 氮　　　　　　D. 硫

33. 焊接区中的氧通常以（　　）两种形式溶解在液态铁中。
    A. 原子氧和氧化亚铁（FeO）　　B. 分子氧和氧化铁（Fe_2O_3）
    C. 原子氧和氧化铁（Fe_2O_3）　D. 分子氧和氧化亚铁（FeO）

34. 钨极氩弧焊时，氩气的流量大小取决于（　　）。
    A. 焊件厚度　　　　　　　　　　B. 焊丝直径
    C. 喷嘴直径　　　　　　　　　　D. 焊接速度

35. 熔池中的低溶点共晶是形成（　　）的主要原因之一。
    A. 热裂纹　　　　B. 冷裂纹　　　　C. 未熔合　　　　D. 未焊透

36. 焊条电弧焊通常根据（　　）决定焊接电源种类。

　　A. 焊件厚度　　　　　　　　　　B. 焊件的成分

　　C. 焊条类型　　　　　　　　　　D. 焊件的结构

37. （　　）是焊条电弧焊最重要的参数，是焊工在操作过程中唯一需要调节的参数。

　　A. 焊接电流　　　　　　　　　　B. 电弧电压

　　C. 焊条类型　　　　　　　　　　D. 焊条直径

38. 埋弧焊中，当焊接电流不变，减小焊丝直径时，则焊缝成形系数（　　）。

　　A. 变大　　　　　　　　　　　　B. 减小

　　C. 基本不变　　　　　　　　　　D. 不一定

39. 埋弧焊中，当其他条件不变，增加焊丝伸出长度时，则焊缝余高（　　）。

　　A. 不变　　　　　B. 增加　　　　C. 减小　　　　　D. 不一定

40. 氩弧焊的电源种类和极性需根据（　　）进行选择。

　　A. 焊件材质　　　　　　　　　　B. 焊丝材质

　　C. 焊件厚度　　　　　　　　　　D. 焊丝直径

41. 钨极氩弧焊采用（　　）时，可提高许用电流，且钨极烧损小。

　　A. 直流正接　　　　　　　　　　B. 直流反接

　　C. 交流电　　　　　　　　　　　D. 直流正接或反接

42. 采用（　　）电源焊接时，钨极烧损大，故钨极氩弧焊很少采用。

　　A. 直流正接　　　B. 直流反接　　　C. 交流　　　　D. 直流正接或反接

43. 焊接接头冷却到较低温度时产生的焊接裂纹叫做（　　）。

　　A. 热裂纹　　　　　　　　　　　B. 冷裂纹

　　C. 再热裂纹　　　　　　　　　　D. 延迟裂纹

44. 防止层状撕裂的措施之一是严格控制钢材中（　　）。

　　A. 碳的质量分数　　　　　　　　B. 锰的质量分数

　　C. 磷的质量分数　　　　　　　　D. 硫的质量分数

45. 当采用未经很好烘干的焊条进行焊接时，使用（　　）电源，焊缝最易出现气孔；使用（　　）电源，气孔出现的倾向最小。

　　A. 直流正接　　　　　　　　　　B. 直流反接

　　C. 交流　　　　　　　　　　　　D. 直流正流或反接

46. 焊缝中白点的出现会使焊缝金属的（　　）大大下降。

　　A. 韧性　　　　　B. 塑性　　　　C. 硬度　　　　　D. 强度

47. （　　）是在焊接接头中产生气孔和冷裂纹的主要因素之一。

　　A. 氢　　　　　　B. 氧　　　　　C. 氮　　　　　　D. 氩

48. 用富氩混合气体保护焊焊接碳钢及低合金钢时，常用的气体配比是（　　）。

　　A. 95% Ar + 5% CO_2　　　　　　B. 80% Ar + 20% CO_2

　　C. 50% Ar + 50% CO_2　　　　　　D. 80% Ar + 20% He

49. 焊条的直径是以（　　）来表示的。

　　A. 焊芯直径　　　　　　　　　　B. 焊条外径

C. 药皮厚度　　　　　　　　　　　D. 焊芯直径与药皮厚度之和

50. 要求塑性好、冲击韧度高的焊缝，应该选用（　　）焊条。

　　A. 酸性　　　　　B. 碱性　　　　　C. 不锈钢　　　　　D. 铸铁

51. 对于承受静载荷或一般载荷的工件，通常选用（　　）与母材相等的焊条。

　　A. 塑性　　　　　　　　　　　　　B. 韧性

　　C. 抗拉强度　　　　　　　　　　　D. 硬度

52. 为使在特殊环境下工作的结构耐腐蚀、耐热等，应选用能保证（　　）与母材相同或相近的焊条。

　　A. 焊缝金属的抗拉强度　　　　　　B. 焊缝金属的冲击韧度

　　C. 焊缝金属的化学成分　　　　　　D. 焊缝金属的性能

53. （　　）焊剂不能依靠其向焊缝大量过渡合金元素。

　　A. 烧结　　　　　B. 黏结　　　　　C. 熔炼

54. （　　）焊剂化学成分均匀，可以获得性能均匀的焊缝。

　　A. 烧结　　　　　B. 黏结　　　　　C. 熔炼

55. Q235 与 Q345 异种钢焊接时，选用（　　）焊条。

　　A. E5015　　　　B. E4303　　　　C. E309—16　　　D. A107

56. 钨极氩弧焊中，目前建议采用的钨极材料是（　　）。

　　A. 纯钨　　　　　B. 铈钨　　　　　C. 钍钨　　　　　D. 锆钨

57. 氩气瓶外表涂成（　　）色，并注有绿色"氩"字标志字样。

　　A. 白　　　　　　B. 银灰　　　　　C. 黑　　　　　　D. 蓝

58. 在各种截面形状的药芯焊丝中，其中（　　）应用最广泛。

　　A. T 形　　　　　B. 梅花形　　　　C. E 形　　　　　D. O 形

59. 焊接接头根部预留间隙的作用在于（　　）。

　　A. 防止烧穿　　　　　　　　　　　B. 保证焊透

　　C. 减小应力　　　　　　　　　　　D. 提高效率

60. 根部半径的作用是（　　）。

　　A. 促使根部焊透　　　　　　　　　B. 减小应力集中

　　C. 提高焊接效率　　　　　　　　　D. 防止产生根部裂纹

61. （　　）焊可以选用较大直径焊条和较大焊接电流，应用广泛。

　　A. 平　　　　　　B. 立　　　　　　C. 横　　　　　　D. 仰

62. 焊条电弧焊中，当板厚（　　）mm 时，必须开单 V 形坡口或双 V 形坡口焊接。

　　A. ≤6　　　　　　B. <12　　　　　C. >6　　　　　　D. ≥12

63. 多层多道焊与多层焊时应特别注意（　　），以免产生夹渣、未熔合等缺陷。

　　A. 摆动焊条　　　　　　　　　　　B. 选用小直径焊条

　　C. 预热　　　　　　　　　　　　　D. 清除熔渣

64. T 形接头焊条电弧平角焊时，（　　）最容易产生咬边缺陷。

　　A. 厚板　　　　　B. 薄板　　　　　C. 立板　　　　　D. 平板

65. 当填充金属材料一定时，（　　）的大小决定了焊缝的化学成分。

    A. 运条角度 　　　　　　　　　B. 焊缝熔深

    C. 焊缝余高 　　　　　　　　　D. 焊缝宽度

66. 在焊缝横截面中，从焊缝正面到焊缝背面的距离叫做（　　）。

    A. 焊缝熔深 　　　　　　　　　B. 焊缝余高

    C. 焊缝计算厚度 　　　　　　　D. 焊缝厚度

67. E5015 焊条药皮类型是（　　）。

    A. 高纤维素钾型 　　　　　　　B. 高钛钠型

    C. 低氢钾型 　　　　　　　　　D. 低氢钠型

68. 两焊件端部构成大于30°、小于135°夹角的接头叫做（　　）。

    A. T 形接头 　　　　　　　　　B. 对接接头

    C. 角接接头 　　　　　　　　　D. 搭接接头

69. 在同样条件下焊接，采用（　　）坡口，焊后焊件的残余变形较小。

    A. V 形 　　　　B. X 形 　　　　C. U 形 　　　　D. O 形

70. 如果焊接参数选择和操作不当，平焊打底时容易产生的缺陷是（　　）。

    A. 根部裂纹及气孔 　　　　　　B. 根部裂纹及未焊透

    C. 根部焊瘤及咬边 　　　　　　D. 根部焊瘤或未焊透及夹渣

71. I 形坡口对接立焊时，一般采用（　　）法施焊。

    A. 退焊 　　　　B. 跳焊 　　　　C. 对称焊 　　　　D. 从上向下焊

72. T 形接头立角焊容易产生的缺陷是（　　）。

    A. 裂纹、夹渣 　　　　　　　　B. 气孔、未熔合

    C. 咬边、裂纹 　　　　　　　　D. 角顶未焊透、咬边

73. （　　）必须采用短弧焊接，并选用较小直径的焊条和较小的焊接参数。

    A. 平焊、立焊、仰焊 　　　　　B. 平焊、立焊、横焊、仰焊

    C. 立焊、横焊、平焊 　　　　　D. 立焊、横焊

74. 凹形角焊缝的焊脚尺寸（　　）焊脚。

    A. 大于 　　　　B. 小于 　　　　C. 等于 　　　　D. 大于或等于

75. 当电极直径减小时，（　　）。

    A. $H\uparrow$、$B\uparrow$ 　　B. $H\downarrow$、$B\uparrow$ 　　C. $H\uparrow$、$B\downarrow$ 　　D. $H\downarrow$、$B\downarrow$

76. 倾角（　　）可使焊缝表面成形得到改善。

    A. <6°~8°的下坡焊 　　　　　B. <6°~8°的上坡焊

    C. >6°~8°的下坡焊 　　　　　D. >6°~8°的上坡焊

77. 利用碳弧气刨对低碳钢开焊接坡口时，应采用（　　）电源。

    A. 直流反接 　　　　　　　　　B. 直流正接

    C. 交流 　　　　　　　　　　　D. 直流正接或反接

78. 碳弧气刨时，刨削速度增大，（　　）。

    A. 刨削质量变差 　　　　　　　B. 刨槽深度减小

    C. 刨槽宽度增大 　　　　　　　D. 刨槽尺寸增大

79. 碳弧气刨时的碳棒倾角一般为（　　）。

A. 10°~25°   B. 25°~60°

C. 45°~60°   D. 25°~45°

80. （　）碳棒常用于大面积刨槽或刨平面。

     A. 镀铜实心圆形   B. 镀铜空心圆形

     C. 镀铜实心扁形   D. 镀铜空心扁形

81. （　）不宜采用碳弧气刨。

     A. 铸铁   B. 低碳钢

     C. 不锈钢   D. 易淬火钢

82. 碳弧气刨的碳棒直径应根据（　）来选择。

     A. 金属材料类型和刨削宽度   B. 金属厚度及刨削宽度

     C. 金属结构及刨削深度   D. 碳棒类型和刨削深度

83. 碳弧气刨压缩空气的压力是由（　）决定的。

     A. 刨削速度   B. 刨削宽度

     C. 刨削深度   D. 刨削电流

84. （　）是扩大或撑紧装配件的一种工具。

     A. 夹紧工具   B. 压紧工具

     C. 拉紧工具   D. 撑具

85. （　）主要在装焊作业中矫正筒形工件的圆度，以防止变形以及消除局部变形。

     A. 螺旋压紧器   B. 螺旋推撑器

     C. 螺旋拉紧器   D. 螺旋撑圆器

86. （　）常用在要求夹持力很大而空间尺寸受限制的地方。

     A. 气动夹紧器   B. 液压夹紧器

     C. 磁力夹紧器   D. 真空夹紧器

87. 焊接变位机是通过（　）的旋转和翻转运动，使所有焊缝处于最理想的位置进行焊接。

     A. 工件   B. 工作台   C. 操作台   D. 焊机

88. 焊接翻转机是将（　）绕水平轴翻转，使之处于有利于施焊位置的机械。

     A. 工件   B. 工作台   C. 操作者   D. 焊机

89. CO_2 气瓶颜色为（　）色，并标有黑色液化二氧化碳的字样。

     A. 淡蓝   B. 铝白   C. 黑   D. 棕

90. （　）式焊接操作机可在各种工位进行内外纵缝、环缝的焊接。

     A. 平台   B. 悬臂   C. 伸缩   D. 龙门

91. 游标卡尺是一种适合测量（　）精度尺寸的量具。

     A. 低等   B. 中等   C. 高等   D. 超高

92. 氧气瓶涂成（　）色。

     A. 灰   B. 白   C. 淡蓝   D. 黑

93. 氧气在气焊和气割中是（　）气体。

  A. 可燃   B. 易燃   C. 杂质   D. 助燃

三、判断题（下列判断正确的请打"√"，错的打"×"）

1. 一般来说，材料的屈服强度大于其抗拉强度。   （ ）

2. 脆性材料没有屈服现象。   （ ）

3. 非合金钢按碳的质量分数高低可分为低碳钢、中碳钢和高碳钢三类。（ ）

4. 屈服强度标志着金属材料对微量变形的抗力，材料的屈服强度越高，表示材料抵抗微量塑性变形的能力越小。   （ ）

5. 45 钢表示平均碳的质量分数为 0.45% 的优质碳素结构钢。   （ ）

6. 普通质量低合金钢是指不规定在生产过程中需要特别控制质量要求的用作一般用途的低合金钢。   （ ）

7. 依据金属材料的硬度值可近似地确定其抗拉强度值。   （ ）

8. 冲击吸收能量值越大，表示材料的脆性越大，韧性越差。   （ ）

9. 低合金高强度结构钢按屈服强度分为 Q345、Q390、Q420、Q460、Q500、Q550、Q620 和 Q690 八级。   （ ）

10. 金属材料的强度越高，则抵抗塑性变形的能力越小。   （ ）

11. 金属材料的热导率越大，其导热性越好。   （ ）

12. 凡晶体都具有固定的熔点，而非晶体则没有固定的熔点。   （ ）

13. 晶粒越粗，金属的强度越好，硬度越高。   （ ）

14. 金属的同素异构转变是一个重结晶的过程。   （ ）

15. 正火与退火两者的目的基本相同，但退火钢的组织更细，强度和硬度更高。   （ ）

16. 铸铁凝固时不可避免地会产生内应力，所以，切削加工前应进行消除内应力退火。   （ ）

17. 06Cr19Ni10 是常用的奥氏体型不锈钢。   （ ）

18. 磁体可以吸引所有的金属材料。   （ ）

19. 灰铸铁中的碳主要以渗碳体的形式分布于金属基体中，断口呈暗灰色，故而得名。   （ ）

20. 通电导体在磁场中运动时，将在导体内产生感应电动势。   （ ）

21. 焊缝符号中的基本符号是表示焊缝横截面的基本形式或特征的符号。（ ）

22. 变压器工作时，电压较高的绕组通过的电流较小，而电压较低的绕组通过的电流较大。   （ ）

23. 高频高压引弧法主要用于氩弧焊、等离子弧焊。   （ ）

24. 接触短路引弧法可以用较低的空载电压产生焊接电流。   （ ）

25. 焊接电弧是电阻负载，所以遵循欧姆定律，即电流与电压成正比。（ ）

26. 所有焊接方法的电弧静特性曲线的形状都是一样的。   （ ）

27. 空载电压是焊机本身所具有的一个电特性，所以与焊接电弧的稳定燃烧没有什么关系。   （ ）

28. 焊机空载时，由于输出端没有电流，所以不消耗电能。   （ ）

29. 弧焊变压器的空载电压都比直流弧焊机高。（ ）
30. 焊机输出端不能形成短路，否则电源熔丝将被熔断。（ ）
31. 弧长变化时，焊接电流和电弧电压都要发生变化。（ ）
32. 电弧外特性曲线和电弧静特性曲线的两个交点都是电弧稳定燃烧的工作点。
（ ）
33. 一台焊机只有一条外特性曲线。（ ）
34. 一台焊机具有无数条外特性曲线。（ ）
35. 一种焊接方法只有一条电弧静特性曲线。（ ）
36. 一种焊接方法具有无数条电弧静特性曲线。（ ）
37. 在焊机上调节电流实际上就是在调节外特性曲线。（ ）
38. 在焊机上调节电流实际上就是在调节电弧静特性曲线。（ ）
39. 动特性是表示弧焊电源对动态负载瞬间变化的反应能力。（ ）
40. 旋转式直流弧焊机由于空载损耗大和噪声大，属于国家规定的淘汰产品。
（ ）
41. 弧焊变压器全部都是降压变压器。（ ）
42. ZX7—400 是常用的晶闸管弧焊整流器的型号。（ ）
43. BX1—500 中的 500 表示该焊机的最大输出电流，即使用该焊机的焊接电流不超过 500 A。（ ）
44. 电弧是一种空气燃烧的现象。（ ）
45. ZX5—400 是逆变式弧焊机。（ ）
46. 所有直流弧焊机均属于淘汰产品。（ ）
47. 为保证焊透，同样厚度的 T 形接头应比对接接头选用直径较细的焊条。
（ ）
48. 焊条电弧焊中，由于平焊时熔深较大，所以横、立、仰焊位置焊接时焊接电流应比平焊位置大 10% ~20%。（ ）
49. 为便于操作和保证背面焊道的质量，打底焊时应使用较小的焊接电流。
（ ）
50. 为提高生产效率，应尽量拉长电弧长度，以提高电弧电压。（ ）
51. 焊条电弧焊时，直径相同的酸性焊条焊接时弧长要比碱性焊条长些。（ ）
52. 焊条电弧焊多层多道焊时有利于提高焊缝金属的塑性和韧性。（ ）
53. 埋弧焊工艺对一些形状不规则的焊缝无法焊接，故生产效率低。（ ）
54. 埋弧焊时，若焊接电流过大，焊剂熔化量增加，电弧不稳，严重时会产生咬边和气孔等缺陷。
55. 埋弧焊时，若焊接电压过大，则熔深不足，电弧不稳，严重时会产生咬边和气孔等缺陷，并使焊缝成形变坏。
56. 氩弧焊的氩气流量应随喷嘴直径的加大而成正比地加大。（ ）
57. 埋弧焊时焊剂颗粒度对焊缝成形影响不大。（ ）
58. 手工钨极氩弧焊几乎可以焊接所有的金属材料。（ ）

59. 手工钨极氩弧焊时, 氩气流量越大, 则保护效果越佳。　　　　　　（　　）

60. 可以采用交流电源进行焊接的焊条, 一定也可以采用直流电源进行焊接。

　　　　　　　　　　　　　　　　　　　　　　　　　　　　　　　　（　　）

61. 埋弧焊的焊缝质量高, 主要表现在焊缝中的含氢量特别低。　　　　（　　）

62. 埋弧焊由于采用较大的焊接电流, 所以总的电能的消耗也比较大。　（　　）

63. 埋弧焊时采用的主要接头形式是对接接头、T 形接头和搭接接头。　（　　）

64. 埋弧焊焊接电弧的引燃方法是接触短路引弧法。　　　　　　　　　（　　）

65. 焊条烘干的目的是防止产生气孔而不是防止产生裂纹。　　　　　　（　　）

66. 焊前预热既可以防止产生热裂纹, 又可以防止产生冷裂纹。　　　　（　　）

67. 后热既可以防止产生热裂纹, 又可以防止产生冷裂纹。　　　　　　（　　）

68. 碱性焊条的工艺性能差, 引弧困难, 电弧稳定性差且飞溅大, 故只能用于一般
结构的焊接。　　　　　　　　　　　　　　　　　　　　　　　　　　（　　）

69. 碱性焊条的氧化性弱, 对油、水、铁锈等很敏感, 故这类焊条不能用于重要结
构的焊接。　　　　　　　　　　　　　　　　　　　　　　　　　　　（　　）

70. HJ431 是低锰高硅低氟熔炼焊剂。　　　　　　　　　　　　　　　　（　　）

71. 铈钨极具有较大的放射性, 所以目前在钨极氩弧焊中已应用不多。　（　　）

72. 焊剂 431 的前两个数字表示熔敷金属的抗拉强度为 420 MPa。　　　（　　）

73. 酸性焊条和碱性焊条只是药皮的成分不同, 焊芯都是一样的。　　　（　　）

74. 铁粉焊条的主要优点是可以改善焊缝的外表成形。　　　　　　　　（　　）

75. 氩气、氦气是惰性气体, 对化学性质活泼而易与氧起反应的金属是非常理想的
保护气体, 故常用于铝、镁、钛等金属及其合金的焊接。　　　　　　（　　）

76. 焊条药皮中造气剂的主要作用是稳定电弧。　　　　　　　　　　　（　　）

77. 焊接碳钢时, 应根据钢材的化学成分来选择相应的焊条。　　　　　（　　）

78. 采用同一牌号的焊条和焊丝进行焊条电弧焊与埋弧焊时, 其合金元素的过渡效
果是一样的。　　　　　　　　　　　　　　　　　　　　　　　　　　（　　）

79. 埋弧焊利用焊芯和焊剂向熔池过渡合金元素。　　　　　　　　　　（　　）

80. 埋弧焊常用的焊剂是烧结焊剂。　　　　　　　　　　　　　　　　　（　　）

81. 焊条电弧搭接平角焊时, 焊条与下板表面的角度应随下板的厚度增大而增大。

　　　　　　　　　　　　　　　　　　　　　　　　　　　　　　　　（　　）

82. T 形接头的仰焊往往比对接坡口的仰焊更难操作, 更难保证焊接质量。（　　）

83. 焊缝余高太大易在焊趾处产生应力集中, 所以余高不能太高, 但也不能低于母
材。　　　　　　　　　　　　　　　　　　　　　　　　　　　　　　（　　）

84. 为保证根部焊透, 小直径管道的对接焊缝应推广使用垫板, 而不是单面焊双面
成形焊接工艺。　　　　　　　　　　　　　　　　　　　　　　　　　（　　）

85. 衬垫焊即使垫板装配不良, 也可形成质量较好的焊缝。　　　　　　（　　）

86. 削薄处理的目的是避免接头处产生严重的应力集中。　　　　　　　（　　）

87. 开坡口的目的是保证焊件可以在厚度方向上全部焊透。　　　　　　（　　）

88. V 形坡口的坡口面角度总是等于坡口角度。　　　　　　　　　　　　（　　）

89. 增加对接焊缝的余高值可以提高接头的强度，所以焊接时应尽可能提高余高值。 （ ）

90. 一焊件的端面与另一焊件表面构成直角或近似直角的接头是角接接头。 （ ）

91. 对接焊缝中的焊缝厚度就是熔深。 （ ）

92. 在所有的焊接方法中，焊缝的熔深越大，焊缝强度越高。 （ ）

93. 在所有角焊缝中，焊脚尺寸总是等于焊脚。 （ ）

94. 在所有角焊缝中，焊缝计算厚度均大于焊缝厚度。 （ ）

95. 凸形角焊缝的应力集中比凹形角焊缝大得多。 （ ）

96. 熔焊时，焊缝成形系数是指单道焊缝横截面上焊缝的宽度与熔深之比。 （ ）

97. 焊缝的成形系数越小，则焊缝质量越佳，生产效率越高。 （ ）

98. 埋弧焊中，上坡焊时焊缝厚度和余高都增加。 （ ）

99. 减小电极（焊丝）直径，焊缝的厚度和宽度都减小。 （ ）

100. 焊接电压增加时，焊缝厚度和余高将略为减小。 （ ）

101. 焊缝宽度随着焊接电流的增大而显著减小。 （ ）

102. 凸形角焊缝的计算厚度总是大于焊缝厚度。 （ ）

103. 碳弧气刨时，碳棒倾角对刨槽深度影响不大。 （ ）

104. 点焊主要用于不要求气密、焊接厚度小于 3 mm 的冲压、轧制的薄板构件焊接。 （ ）

105. 碳弧气刨的电极是石墨碳棒。 （ ）

106. 缝焊适用于厚件的搭接焊。 （ ）

107. 碳弧气刨可以在焊件上加工出 U 形坡口。 （ ）

108. 碳弧气刨时应该选择功率较大的焊机。 （ ）

109. 碳弧气刨时的刨削电流值取决于所使用的碳棒直径。 （ ）

110. 为提高生产效率，气刨速度越快越好。 （ ）

111. 电阻对焊适用于小断面（小于 250 mm^2）金属型材的焊接。 （ ）

112. 碳棒倾角增大时，刨槽深度也增大。 （ ）

113. 刨削时，应先引燃电弧，然后立即打开气阀。 （ ）

114. 闪光对焊常用于大横截面重要的受力对接件焊接。 （ ）

115. 刨槽结束，应先断弧，再关闭压缩空气阀门。 （ ）

116. 点焊的接头形式为角接接头和卷边接头。 （ ）

117. 熔核偏移是不等厚度、不同材料点焊时，熔核向厚板或导电、导热性差的一边偏移的现象。 （ ）

118. 常用的电阻焊方法主要是点焊、缝焊、对焊和凸焊。 （ ）

119. 根据 GB/T 2550—2007 规定，氧气胶管为蓝色，乙炔胶管为红色。 （ ）

120. 液压夹紧器的夹持力要比气动夹紧器压力大许多倍，但动作不够平稳，耐冲击性差。 （ ）

121. 乙炔瓶应该直立使用，若卧放时应使减压器处于最高位置。　　（　　）

122. 几乎所有的金属材料都可用气焊工艺焊接。　　（　　）

123. 金属切割过程中，氧气的消耗量与氧气的纯度大小无关。　　（　　）

124. 切割件厚度越大，割嘴孔径越大，则切割氧的压力也须随之加大。　（　　）

125. 气割结束时，应先关闭乙炔阀门，抬起割炬，再关闭切割氧阀门，最后关闭预热氧阀门。　　（　　）

126. 被切割金属材料的燃点高于熔点是保证切割过程顺利进行的最基本条件。

　　（　　）

127. 钎焊与焊条电弧焊、埋弧焊一样，焊缝都是由填充金属和母材共同熔合而成的。　　（　　）

128. 钎焊常采用搭接接头，目的是增大焊件接触面积，提高承载能力。　（　　）

129. 钎焊温度一般比钎料熔点高 25~60℃。　　（　　）

130. 将螺柱一端与板件（或管件）表面接触，通电引弧，待接触面熔化后，给螺柱一定压力完成焊接的方法称为螺柱焊。　　（　　）

四、简答题

1. 写出下列符号表达的含义。

(1) $\underset{K}{\overset{K}{\underbrace{}}} \;\; n\times l\; (e)$　　　(2) $\underset{\fbox{M}}{\overset{\vee}{}}$

(3) ⌐　　　　　(4) $\bar{x}$

2. 简述低碳钢、中碳钢、高碳钢的力学性能和焊接性。

3. 为什么钢件淬火后必须配以适当的回火？

4. 预防触电事故的技术措施有哪些？

5. 简述焊条电弧焊、埋弧焊、钨极氩弧焊及细丝熔化极气保护焊的电弧静特性曲线。

6. 什么是空载电压？确定空载电压时应考虑哪些因素？

7. 什么是电弧静特性？什么是电源的外特性？

8. 短路电流值对弧焊电源有什么影响？

9. 为什么说"电动机驱动旋转直流弧焊机全系列"为淘汰产品？

10. 什么是焊接电弧？

11. 焊条电弧焊有哪些工艺特点？

12. 简述焊接坡口的选择原则。

13. 埋弧焊工艺有哪些优缺点？

14. 焊接电流、电弧电压对埋弧焊的焊缝质量有什么影响？

15. 手工 TIG 焊有哪些特点？

16. 简述热裂纹、冷裂纹产生的原因。

17. 防止再热裂纹产生的措施有哪些？

18. 防止气孔产生的措施有哪些？

19. 产生未焊透的原因有哪些？
20. 简述产生夹渣的原因及防止措施。
21. 简述焊接区域中氢的来源。
22. 简述焊接区域中氢的主要危害。
23. 简述焊接区域中氧的来源及其危害。
24. 什么是焊接裂纹？
25. 简述 TIG 焊的工作原理。
26. 什么是正接法、反接法？如何选择直流电源的极性？
27. 怎样选用 TIG 焊的电源和极性？
28. TIG 焊时怎样选择氩气流量、喷嘴直径和钨极的伸出长度？
29. 焊条药皮有哪些作用？
30. 焊条药皮的类型有哪些？
31. 酸性焊条有哪些特点？
32. 碱性焊条有哪些特点？
33. 什么是铈钨极？有什么特点？
34. 钨极的作用是什么？
35. 什么是熔核偏移？其产生原因是什么？
36. 药皮中稳弧剂与造气剂有什么作用？
37. 什么是焊接接头？焊接接头有哪些形式？
38. 什么是焊缝计算厚度？
39. 简述电弧电压对焊缝成形的影响及原因。
40. 为什么电极前倾焊适用于薄板焊接？
41. 为什么 T 形接头应尽量放成船形焊位置？
42. 为什么碳弧气刨时，随着电流的增大，压缩空气的压力也应增大？
43. 为什么碳弧气刨的电弧长度以 1~2 mm 为宜？
44. 碳弧气刨碳棒伸出长度以多少为合适？为什么？
45. 碳弧气刨对电源有什么要求？
46. 碳弧气刨对气刨枪有什么要求？
47. 碳弧气刨对碳棒有什么要求？
48. 什么是碳弧气刨？碳弧气刨有哪些特点？
49. 碳弧气刨操作有哪些准备工作？
50. 什么是焊接夹具？对焊接夹具有哪些要求？
51. 什么是钎料？钎料是如何分类的？
52. 熔化极气体保护焊常用的气体有哪些？
53. 气焊时对气焊熔剂有什么要求？
54. 金属切割的条件有哪些？
55. 引起钢材变形的因素有哪些？
56. 钢材矫正的基本原理是什么？有哪些矫正方法？

57. 放样的基准有哪些类型?

58. 铆接有哪些种类? 各有什么特点?

五、计算题

1. 已知一根台阶轴,从小端开始分三段,即 $d_1 = 20$ mm, $L_1 = 50$ mm, $d_2 = 40$ mm, $L_2 = 180$ mm, $d_3 = 25$ mm, $L_3 = 50$ mm,材料密度 $\rho = 7.8$ g/cm^3,求该轴的质量。

2. 某厂购进一批 40 钢,按国家标准规定,它的力学性能应不低于下列指标: $R_{eL} = 340$ MPa, $R_m = 540$ MPa, $A = 19\%$, $Z = 45\%$。验收时将 40 钢制成 $d_0 = 10$ mm 的短试样进行拉伸试验,测得 $F_{eL} = 27\ 318$ N, $F_m = 43\ 018$ N, $L_1 = 62$ mm, $d_1 = 7.3$ mm。请列式计算这批钢材是否符合要求。

3. 在图 I—1 中,已知 $B = 0.1$ Wb/m^2,导线长 $L = 0.8$ m, $I = 12$ A,求各载流导线受力的大小和方向。

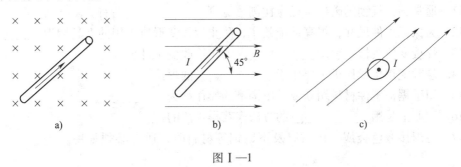

图 I—1

4. 在图 I—2 中,已知 $B = 1$ Wb/m^2,导线长 $L = 0.3$ m,导线切割磁感线的速度 $v = 16$ m/s。试计算当导线运动方向与磁感线之间夹角 α 为 0°、30°、90°时,导线两端产生的感应电动势各为多少?

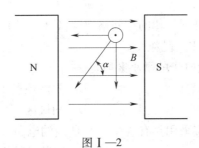

图 I—2

5. 已知碳棒直径为 6 mm,碳弧气刨时应选用多大的刨削电流?

模拟试卷(一)

一、填空题(把正确的答案填在横线空白处,每空 1 分,共 25 分)

1. 焊缝基本符号是表示焊缝_____的符号,共

_____个。

2. 金属的结晶过程由_____和_____两个基本过程组成。

3. 弧焊时，电弧的静特性曲线与电源外特性曲线的交点是_____。

4. 弧焊变压器是一种具有_____外特性的_____变压器。

5. 埋弧焊工艺的焊接电压是决定_____的主要因素，焊接电流是决定_____的主要因素。

6. 防止夹钨的方法是_____和_____。

7. 焊条药皮中加入一定量的合金元素有利于焊缝金属_____并补充_____，以得到满意的_____。

8. 厚度削薄的单边 V 形坡口适合于_____的对接。

9. 待加工坡口的端面与坡口面之间的夹角叫做_____。

10. 焊缝表面与母材的交界处叫做_____。

11. 通常碳弧气刨的碳棒直径应比刨槽宽度_____左右。

12. 为保证焊件尺寸，提高装配效率，防止焊接变形所采用的夹具称为_____。

13. 焊接变位机械是利用_____的作用改变工件位置。

14. 悬臂式焊接操作机主要用于_____的焊接。

15. 用手锯把工件材料切断或锯出沟槽的操作称为_____。

16. 工业上是用_____的方法来获得乙炔的。

17. 在焊接有色金属、铸铁以及不锈钢等材料时，通常必须采用_____熔剂。

18. 乙炔瓶的安全是由_____来保证的。

二、选择题（请将正确答案的代号填入括号中，每题 1 分，共 20 分）

1. 表示焊缝余高的符号是（　　）。
   A. h B. p C. H D. e

2. 表示原子在晶体中排列规律的空间格架叫做（　　）。
   A. 晶胞   B. 晶粒   C. 晶格   D. 晶体

3. （　　）是集中接收电子的微小区域。
   A. 阴极斑点   B. 阳极斑点
   C. 阴极区   D. 阳极区

4. 对于焊条电弧焊，应采用具有（　　）曲线的电源。
   A. 陡降外特性   B. 缓陡外特性
   C. 水平外特性   D. 缓升外特性

5. 在同样的焊接条件下，（　　）生成气孔的倾向最大。
   A. 焊条电弧焊   B. 手工 TIG 焊
   C. CO_2 保护焊   D. 埋弧焊

6. 随着焊缝中（　　）的质量分数增加，会引起焊缝金属的热脆、冷脆和时效硬化。
   A. 氢   B. 氧   C. 氮   D. 硫

7. 用钨极氩弧焊焊接（　　）接头时，氩气保护效果最佳。

    A. 搭接　　　　　　B. T 形　　　　　　C. 角接　　　　　　D. 对接

8. 焊条药皮的（　　）可以使熔化金属与外界空气隔离，防止空气侵入。

    A. 稳弧剂　　　　　B. 造气剂　　　　　C. 脱氧剂　　　　　D. 合金剂

9. 埋弧焊属于（　　）。

    A. 渣保护　　　　　　　　　　　　　B. 气保护

    C. 渣—气联合保护　　　　　　　　　D. 渣、气保护

10. T 形接头平角焊时，焊条电弧应偏向（　　）一边，以保证焊接质量。

    A. 厚板　　　　　　B. 薄板　　　　　　C. 立板　　　　　　D. 小平板

11. 在凸形或凹形角焊缝中，焊缝计算厚度（　　）焊缝厚度。

    A. 均大于　　　　　　　　　　　　　B. 均小于

    C. 前者大于、后者小于　　　　　　　D. 前者小于、后者大于

12. 碳弧气刨切割不锈钢时，应采用（　　）电源。

    A. 交流　　　　　　　　　　　　　　B. 直流正接

    C. 直流反接　　　　　　　　　　　　D. 脉冲

13. 用于紧固装配零件的是（　　）。

    A. 夹紧工具　　　　　　　　　　　　B. 压紧夹具

    C. 拉紧工具　　　　　　　　　　　　D. 撑具

14. 当氧气与乙炔的混合比为 1.1~1.2 时，这时的火焰是（　　）。

    A. 氧化焰　　　　　　　　　　　　　B. 碳化焰

    C. 中性焰　　　　　　　　　　　　　D. 轻微氧化焰

15. 气割时，割嘴与割件间的倾角主要根据（　　）决定。

    A. 预热火焰的长度　　　　　　　　　B. 气割速度

    C. 混合气体流量　　　　　　　　　　D. 割件的厚度

16. （　　）焰可达到的温度最高。

    A. 中性　　　　　　　　　　　　　　B. 氧化

    C. 碳化　　　　　　　　　　　　　　D. 轻微碳化

17. 气焊低碳钢时应采用（　　）焰。

    A. 碳化　　　　　　　　　　　　　　B. 轻微氧化

    C. 中性　　　　　　　　　　　　　　D. 轻微碳化

18. 通常（　　）可以减少被焊材料元素的烧损并增碳；对含有低沸点元素的材料选用（　　）；对允许和需要增碳的材料可选用（　　）。

    A. 氧化焰　　　　　　　　　　　　　B. 碳化焰

    C. 中性焰

19. 割嘴离割件表面的距离应根据（　　）来决定。

    A. 割嘴与割件间的倾角　　　　　　　B. 气割速度

    C. 混合气体流量　　　　　　　　　　D. 预热火焰的长度和割件厚度

20. 国产逆变弧焊机的型号是（　　）。

    A. ZX5—400   B. ZX7—400

    C. BX1—300   D. AX—320

三、判断题（下列判断正确的请打"√"，错误的打"×"，每题 1 分，共 20 分）

1. 正火时的冷却在空气中进行，退火时在炉中冷却，故正火后的组织较细。
                                        （   ）

2. 合金是一种金属元素与其他金属元素或非金属，通过熔炼或其他方法结合成的具有金属特性的物质。（   ）

3. 当弧柱拉长时，电弧电压升高；当弧长缩短时，电弧电压降低。所以，弧柱越长电弧电压越高。（   ）

4. 弧焊整流器是一种将直流电转换成交流电的焊接电源。（   ）

5. 所有酸性焊条通常都采用交流电源焊接，焊厚板时用交流正接，焊薄板时用交流反接。（   ）

6. 手工 TIG 焊时应尽量采用短弧焊工艺。（   ）

7. 只有经过焊后热处理的焊件才可能产生再热裂纹。（   ）

8. 熔炼焊剂由于化学成分不均匀，造成焊缝性能不均匀，所以不能通过熔炼焊剂向熔池过渡合金元素。（   ）

9. 焊芯的化学成分应该与焊件材料的化学成分始终一致。（   ）

10. 对于重要构件，应使用带垫板的接头，以提高焊接接头的质量。（   ）

11. T 形接头的仰角焊比对接坡口接头的仰焊容易操作，通常采用多层焊或多层多道焊。（   ）

12. 碳弧气刨的刨槽深度与碳棒倾角大小有关，倾角增大，则刨槽深度增加，碳棒的倾角一般为 25°~45°。（   ）

13. 凸轮及偏心夹紧器一般用在振动很小以及需要较大夹紧力的场合。（   ）

14. 焊接操作机是将工件准确送到并保持在待焊位置或以选定的焊速沿规定的轨迹移动工件的机械装置。（   ）

15. 为了提高生产效率，应尽量选用较大的火焰能率。（   ）

16. 氧气瓶应直立使用，若卧放时应使减压器处于最高位置。（   ）

17. 气焊时焊嘴倾角在焊接过程中是要经常改变的，往往是起焊时大，结束时小。（   ）

18. 胀接是利用管子和管板的变形来达到紧固和密封的连接方法。（   ）

19. 热压一般适用于形状简单、板厚小、塑性好的材料。（   ）

20. 不锈钢中铬的质量分数至少为 9.5%。（   ）

四、简答题（每题 5 分，共 25 分）

1. 简述焊接电弧静特性曲线的意义。

2. 防止热裂纹产生的方法有哪些？

3. 焊接区域中的氧对焊缝有什么影响？

4. 简述焊条选用原则。

5. 什么是焊缝成形系数？它对焊缝质量有什么影响？

五、计算题（每题 5 分，共 10 分）

1. 一根 20 钢圆形试样，标距长 $L_0 = 50$ mm，直径 $d_0 = 10$ mm，通过静拉力试验，在拉力达到 21 100 N 时屈服，拉力达到 34 500 N 后断裂，并测得断裂后标距长 $L_1 = 79$ mm，断面直径 $d_1 = 4.9$ mm，求屈服强度、抗拉强度、断后伸长率、断面收缩率各为多少？

2. 某变压器的输入电压为 220 V，输出电压为 36 V，一次绕组为 825 匝。现接一只 36 V、100 W 灯泡。求：（1）二次绕组匝数；（2）一次、二次绕组中的电流。

模拟试卷（二）

一、填空题（把正确的答案填在横线空白处，每空 1 分，共 20 分）

1. 熔化极气体保护焊按保护气体的成分可分为熔化极惰性气体保护焊（MIG 焊）、CO_2 气体保护焊（CO_2 焊）和_____三种。

2. 交流弧焊机获得下降外特性的方法是_____。

3. 焊接电弧的引燃方法有_____和_____两种。

4. 焊条电弧焊中，一般结构选用_____性焊条，重要结构选用_____性焊条。

5. 用手工 TIG 焊焊接氧化性强的金属材料时，利用_____现象使高熔点且致密的氧化膜破裂。

6. 焊接过程中，焊缝和热影响区金属冷却到固相线附近的高温区产生的焊接裂纹称为_____。

7. 按焊条药皮熔化后的熔渣特性，焊条可分为_____和_____。

8. 钨极氩弧焊使用的氩气纯度应达到_____。

9. _____常用于要求全焊透而焊缝背面又无法焊接的焊件。

10. 钝边的作用是_____。

11. 在焊缝横截面中，从焊缝正面到焊缝背面的距离叫做_____。

12. 碳棒与金属相碰，使碳粘在刨槽顶端的现象叫做_____。

13. 液压夹紧器与气动夹紧器基本相同，其主要区别是_____不同，前者为液压油，后者为压缩空气。

14. 錾削是用_____对工件进行切削加工的一种操作方法。

15. 氧气瓶的安全由_____来保证。

16. 金属的气割过程包括_____三个阶段。

17. 放样是指根据构件图，用 1:1 的比例（或一定的比例）在_____上划出所需图形的过程。

二、选择题（请将正确答案的代号填入括号中，每题 2 分，共 20 分）

1. 表示焊缝宽度的符号是（　　）。

A. B　　　　　　B. c　　　　　　C. e　　　　　　D. S

2. 焊接电源适应焊接电弧变化的特性叫做（　　　）。

    A. 电弧的静特性　　　　　　　　　B. 电源的外特性

    C. 电源的动特性　　　　　　　　　D. 电源的调节特性

3. （　　　）是防止延迟裂纹的重要措施。

    A. 焊前预热　　　　　　　　　　　B. 后热

    C. 采用低氢型碱性焊条　　　　　　D. 采用奥氏体不锈钢焊条

4. 焊接区周围的空气是（　　　）的主要来源。

    A. 氢　　　　　　B. 氧　　　　　　C. 氮　　　　　　D. 二氧化碳

5. 焊条药皮中的（　　　）可以使焊条在交流电或直流电的情况下都容易引弧、稳定燃烧以及熄灭后再引弧。

    A. 稳弧剂　　　　B. 造气剂　　　　C. 脱氧剂　　　　D. 合金剂

6. 埋弧焊不可以利用（　　　）向熔池过渡合金元素。

    A. 熔炼焊剂　　　　　　　　　　　B. 合金焊丝

    C. 非熔炼焊剂　　　　　　　　　　D. 药芯焊丝

7. 同样条件下，采用（　　　）坡口焊接变形最大。

    A. V 形　　　　　B. X 形　　　　　C. U 形　　　　　D. I 形

8. 当填充金属材料一定时，（　　　）的大小决定了焊缝的化学成分。

    A. 熔宽　　　　　B. 余高　　　　　C. 熔深　　　　　D. 焊脚

9. 碳弧气刨清理铸件缺陷时，常采用（　　　）电源。

    A. 交流　　　　　　　　　　　　　B. 直流正接

    C. 直流反接　　　　　　　　　　　D. 脉冲

10. 平台式操作机主要用于（　　　）的焊接。

    A. 环焊缝　　　　　　　　　　　　B. 纵焊缝

    C. 外环、纵焊缝　　　　　　　　　D. 内环、纵焊缝

三、判断题（下列判断正确的请打"√"，错误的打"×"，每题 1 分，共 20 分）

1. 通常所说的装配图就是指焊接装配图。　　　　　　　　　　　（　　）

2. 基准就是零件上用来确定其他点、线、面位置的依据。　　　　（　　）

3. 固溶强化是提高金属材料力学性能的重要途径之一。　　　　　（　　）

4. 淬火的最终目的是得到淬火马氏体组织。　　　　　　　　　　（　　）

5. 不同的电弧焊方法，在一定的条件下，其静特性只是静特性 U 形曲线的某一区域。　　　　　　　　　　　　　　　　　　　　　　　　　　（　　）

6. 直流弧焊发电机因其电弧燃烧稳定而逐步取代交流弧焊发电机。（　　）

7. 焊条电弧焊工艺灵活，适用性强，它适用于各种材料、各种焊接位置以及不同厚度、形状结构的焊接。　　　　　　　　　　　　　　　　　　　（　　）

8. 埋弧焊时，在保证接头焊透的前提下，焊接速度越大越好，以提高生产效率。　　　　　　　　　　　　　　　　　　　　　　　　　　　　　（　　）

9. 在同样的铁锈和水分含量下，碱性焊条比酸性焊条容易产生气孔。（　　）

10. 氩气是惰性气体，它不与熔化金属起化学反应。　　　　　　　（　　）

11. T 形接头焊接时，应尽可能把焊件放成船形位置进行焊接，这样可提高生产效率。 （　）

12. 碳弧气刨时，随着电流的增大应相应地增大压缩空气的压力，以达到光滑刨槽的目的。 （　）

13. 焊剂垫只能用于长纵缝的焊接。 （　）

14. 焊接操作机与焊接变位装置配合使用，可完成多种焊缝的焊接，也可进行工件表面的自动堆焊。 （　）

15. 氧气是气焊和气割中的助燃气体，故其纯度对气焊及气割的质量和效率都影响不大。 （　）

16. 焊接厚件、高熔点、导热性好的金属材料时应选择大火焰能率。 （　）

17. 金属气割的实质是金属在纯氧中燃烧的过程，而不是熔化的过程。 （　）

18. 钢管弯曲时，既受弯矩作用，还受扭矩的作用。 （　）

19. 凡是不等厚度钢板的对接，厚板均应进行削薄处理。 （　）

20. 焊丝上镀铜的目的是防止产生焊接裂纹。 （　）

四、简答题（每题 5 分，共 30 分）

1. 焊条电弧焊和埋弧焊对于电源的基本要求有哪些？

2. 焊条电弧焊的焊接参数有哪些？

3. 防止产生冷裂纹的方法有哪些？

4. 什么是焊剂？焊剂的作用有哪些？

5. 简述焊接电流增大对焊缝成形影响的原因。

6. 碳弧气刨有哪些工艺参数？

五、计算题（每题 5 分，共 10 分）

1. 一根黄铜圆棒，直径 $d_1 = 25$ mm，长度 $L_1 = 400$ mm，现将外圆车去 10 mm 后，温度从室温 15℃升到 55℃，黄铜的线胀系数为 $17.8 \times 10^{-6} 1/℃$，求此时铜棒的长度。

2. 某变压器的一次绕组电压为 10 000 V，匝数为 2 000 匝。负载总电阻为 4 Ω，总电流为 100 A。求二次绕组电压 U_2、匝数 N_2、一次绕组电流 I_1 及变压比 n。

初级焊工理论知识练习题参考答案

一、填空题

1. 力学性能　　2. 强度；塑性；硬度；韧性；疲劳强度　　3. 塑性变形；破裂
4. 断后伸长率；断面收缩率　　5. 布氏硬度；洛氏硬度；维氏硬度　　6. 导热性
7. 变形铝合金；铸造铝合金　　8. 密度；熔点；热膨胀性；导热性；导电性　　9. 化学稳定；强度　　10. 不锈；耐腐蚀；10.5%；1.2%　　11. 导电性；电阻率
12. 熔点　　13. 基本符号；指引线；数据；补充符号；尺寸符号　　14. —；Ⓜ；○
15. 非晶体；晶体　　16. 结晶　　17. 退火；正火；淬火；回火　　18. 同素导构转变　　19. F；A；Fe_3C；P；Ld　　20. 6.69%；0.77%；4.3%　　21. 方向；大小；直流电；交流电　　22. 电流周围存在着磁场　　23. 南（S）；北（N）；北（N）；南（S）　　24. 1/60；60；377　　25. 端线与中线；任意两相端线　　26. 调质
27. 串入；并联　　28. 降压变压器；电抗器　　29. 铁心间隙　　30. 平特性；电抗器　　31. 三相降压变压器；饱和电抗器；整流器组；输出电抗器；通风系统；控制系统　　32. 电源系统；触发系统；控制系统；反馈系统　　33. 强烈的光；大量的热
34. 阴极区；阳极区；弧柱区　　35. 空气导电　　36. 空载电压　　37. 单站；多站；单站　　38. 异步电动机；弧焊发电机　　39. 硅整流器；晶闸管　　40. 气孔；裂纹；成形系数　　41. 焊件厚度；焊接电流大小；电源极性　　42. 气体流量；8~20 mm　　43. 再热裂纹；热影响区粗晶区　　44. 层状撕裂　　45. 增大；增大；增大　　46. 碳；低合金；耐热；低温；不锈　　47. 平；立；横；仰　　48. 金相组织；热影响区；接头性能　　49. 操作技术；经验　　50. 焊接时为保证焊接质量而选定的诸物理量　　51. 母材的性能；接头的刚性；工作条件；等强　　52. 焊条直径；焊接位置；焊道层次　　53. $I = (35~55)d$　　54. 大；短弧　　55. 惰性气体——氩气　　56. 高频；稳弧　　57. 工件的材质；厚度；接头空间位置　　58. 尖锐的缺口和大的长宽比　　59. 冷却速度；应力状况　　60. 脱硫；脱磷　　61. 后热；氢；延迟裂纹　　62. 气孔　　63. 咬边　　64. 未熔合；加强层间清渣；正确选择焊接电流；注意焊条摆动　　65. 夹渣　　66. 对焊件加热过甚　　67. 氢脆性　　68. 原子氧；FeO　　69. 药皮；焊条；药皮；焊芯　　70. 药皮　　71. 稳弧剂；造渣剂；造气剂；脱氧剂；合金剂；稀释剂；黏结剂；增塑、增弹、增滑剂　　72. 碳素结构钢；合金结构钢；不锈钢　　73. 化学成分均匀；性能均匀　　74. 碳钢焊条；低合金钢焊条；不锈钢焊条；堆焊焊条；铸铁焊条；镍及镍合金焊条；铜及铜合金焊条；铝及铝合金焊条；特殊用途焊条；钼和铬钼耐热钢焊条　　75. 熔炼焊剂；黏结焊剂；烧结焊剂
76. 实心；药芯　　77. 对接接头　　78. 较薄钢板的　　79. 钢板较厚而需要全焊透
80. 要求全焊透而焊缝背面又无法焊接　　81. V形；X形；U形　　82. 与母材成分

相同 83．开坡口；不开坡口 84．搭接接头；不开坡口；圆孔塞焊；长孔槽焊 85．对接接头；搭接接头；角接接头；T 形接头 86．坡口 87．坡口面 88．根部间隙 89．钝边 90．平焊；立焊；横焊；仰焊 91．插入式管板；骑座式管板 92．水平转动；垂直固定；水平固定；垂直固定加障碍物；水平固定加障碍物 93．焊缝宽度 94．余高 95．熔深 96．截面积；应力集中 97．凸形角焊缝；凹形角焊缝 98．增加 99．成分；密度；颗粒度；堆积高度 100．透气；气体；凹坑 101．$I = (30 \sim 50)d$ 102．碳棒倾角 103．伸出长度 104．送风；引弧；夹碳；碳棒烧红；拉得过长；熄弧 105．慢一点；夹碳 106．横向摆动；前后往复移动；沿刨削方向做直线运动；准线；保持不变；停止送风；碳棒冷却 107．断弧；关闭送风阀门；冷却 108．等于；大于 109．侧面送风式；圆周送风式；侧面送风式 110．电源；压缩空气气源；气刨枪；碳棒 111．夹持碳棒；传导电流；输送压缩空气 112．0.4 ~ 0.6 MPa 113．增加 114．夹紧工具；压紧工具；拉紧工具；撑具 115．拉紧 116．螺旋压夹器；凸轮及偏心夹紧器；斜槽式夹紧器；弹力夹紧器；杠杆—肘节夹紧器；螺旋压夹器 117．螺旋压紧器；螺旋推撑器；螺旋拉紧器；螺旋撑圆器 118．拉紧；矫正；焊接变形 119．紧固装配零件 120．装配时压紧工件 121．将所装配零件的边缘拉到规定尺寸 122．手动夹具；气动夹紧器；液压夹紧器；磁力夹紧器；真空夹紧器 123．夹紧；整圆；变形 124．变位机；翻转机；滚轮架；升降机 125．机械；辅助；劳动生产率；劳动强度；焊接质量 126．摩擦力；回转体 127．工人及装备 128．防止焊缝烧穿；焊缝背面成形 129．2 m；焊件被烧穿 130．环焊缝 131．汽水分离器；水；油 132．平台式焊接操作机；悬臂式焊接操作机；伸缩臂式焊接操作机；龙门式焊接操作机 133．焊丝上的防锈油和铁锈 134．垂直；平行 135．刻线条 136．冲眼 137．量取尺寸；测量工件；划线时 138．外尺寸；内尺寸；深度尺寸 139．平行划线法；垂直划线法；圆弧划线法；平行线与圆弧相切的划法 140．扁錾；窄錾；扁錾；窄錾 141．锯弓；锯条；固定式；可调式 142．锯偏；折断 143．远起锯；近起锯；起点 144．平锉；半圆锉；方锉；三角锉；圆锉；平锉 145．顺向锉法；交叉锉法 146．液化空气分离 147．中性 148．将储存在气瓶内的高压气体减压到所需的稳定工作压力 149．1.1 ~ 1.2；>1.2；<1.1 150．焊丝直径；火焰性质及能率；焊嘴倾角；焊接速度 151．结构处理；划基本线型；展开 152．滚弯；压弯 153．材料成分 154．氧—乙炔焰；喷水或空气 155．焊接；铆接；胀接 156．加热；加压；两者并用；填充材料；结合 157．搭接；对接；角接 158．光孔胀接；翻边胀接；开槽胀接；胀接加端面焊

二、选择题

1．D 2．C 3．A 4．C 5．B 6．A 7．C 8．A
9．B 10．D 11．C 12．B 13．A 14．B 15．C 16．A
17．A 18．C 19．B 20．D 21．C 22．A 23．C 24．B
25．C 26．A 27．D 28．A 29．B 30．A 31．C 32．C

33. A 34. C 35. A 36. C 37. A 38. B 39. B 40. A
41. A 42. B 43. B 44. D 45. C；B 46. B 47. A 48. B
49. A 50. B 51. C 52. C 53. C 54. C 55. B 56. B
57. B 58. D 59. B 60. A 61. A 62. C 63. D 64. C
65. B 66. D 67. B 68. D 69. B 70. D 71. B 72. D
73. D 74. B 75. C 76. A 77. A 78. B 79. D 80. C
81. D 82. B 83. D 84. B 85. D 86. B 87. B 88. A
89. B 90. C 91. B 92. C 93. D

三、判断题

1. × 2. × 3. √ 4. × 5. √ 6. √ 7. √ 8. ×
9. √ 10. √ 11. √ 12. √ 13. √ 14. √ 15. × 16. √
17. √ 18. √ 19. × 20. × 21. √ 22. √ 23. √ 24. √
25. × 26. √ 27. √ 28. × 29. √ 30. √ 31. √ 32. √
33. × 34. √ 35. √ 36. √ 37. √ 38. × 39. √ 40. √
41. √ 42. √ 43. √ 44. √ 45. √ 46. √ 47. √ 48. √
49. √ 50. × 51. √ 52. √ 53. √ 54. √ 55. √ 56. √
57. × 58. √ 59. √ 60. √ 61. √ 62. √ 63. √ 64. √
65. × 66. √ 67. √ 68. × 69. √ 70. √ 71. × 72. √
73. √ 74. √ 75. √ 76. √ 77. √ 78. √ 79. √ 80. √
81. √ 82. × 83. √ 84. × 85. × 86. √ 87. √ 88. √
89. × 90. √ 91. √ 92. √ 93. √ 94. √ 95. √ 96. √
97. × 98. √ 99. √ 100. √ 101. √ 102. × 103. √ 104. √
105. √ 106. × 107. √ 108. √ 109. √ 110. √ 111. √ 112. √
113. × 114. √ 115. √ 116. √ 117. √ 118. √ 119. √ 120. ×
121. × 122. √ 123. √ 124. √ 125. × 126. √ 127. × 128. √
129. √ 130. √

四、简答题

1. 答：（1）表示双面交错断续角焊缝，焊脚均为 K，焊缝长均为 l，焊缝间距均为 e，两面均为 n 段焊缝。

（2）表示 V 形焊缝的背面底部有永久衬垫。

（3）表示三面带有焊缝。

（4）凸起的双面 V 形焊缝。

2. 答：低碳钢的强度、硬度较低，塑性、韧性及焊接性良好。

中碳钢具有较高的强度和硬度，其塑性和韧性、焊接性随碳的质量分数的增加而逐步降低，切削性能良好。调质后能获得较好的综合性能。

高碳钢具有较高的强度、硬度和弹性，但焊接性不好，切削性稍差，冷变形塑性低。

3. 答：由于淬火处理所获得的淬火马氏体组织很硬、很脆，并存在大量的内应力，容易突然开裂。因此，钢件淬火后必须经回火才能使用。

4. 答：预防触电事故的技术措施如下：

（1）隔离措施。

（2）绝缘措施，把带电体用绝缘物封闭起来。

（3）保护接地。

（4）保护接零。

（5）采取保护切断和漏电保护装置。

（6）规定安全电压。

（7）采用焊机空载自动断电保护装置。

5. 答：（1）焊条电弧焊：由于使用电流受限制，故其静特性曲线无上升特性区，一般在平特性区。

（2）埋弧焊：在正常电流密度下焊接时，其静特性为平特性区；采用大电流密度焊接时，其静特性为上升特性区。

（3）钨极氩弧焊：一般在小电流区间焊接时，其静特性为下降特性曲线；在大电流区域焊接时，其静特性为平特性区。

（4）细丝熔化极气体保护焊：由于焊接时所用电流密度大，故其静特性曲线为上升特性区。

6. 答：当焊机接通电网而输出端没有接负载，焊接电流为零时，输出端的电压称为空载电压。在确定空载电压的数值时应考虑：电弧的稳定燃烧；经济性；安全性。

7. 答：在电极材料、气体介质和弧长一定的情况下，电弧稳定燃烧时，焊接电流和电弧电压变化的关系称为电弧的静特性。

焊接电源输出电压与输出电流之间的关系称为电源的外特性。

8. 答：如果短路电流过大，电源将出现因过载而被损坏的危险，同时还会使焊条过热，药皮脱落，并使飞溅增加；但是，如果短路电流太小，则会使引弧和熔滴过渡发生困难。

9. 答：此系列旋转直流弧焊机属于20世纪50年代产品，体积大，笨重，耗材多，噪声大，效率低，制造过程中耗能高，加工工艺复杂，所以是淘汰产品。

10. 答：焊接电弧是指由焊接电源供给的具有一定电压的两电极间或电极与焊件间气体介质中产生的强烈而持久的放电现象。

11. 答：焊条电弧焊的工艺特点是：

（1）工艺灵活，适应性强。

（2）质量好。

（3）易于通过工艺调整来控制变形和改善应力。

（4）设备简单，操作方便。

（5）对焊工要求高。

（6）劳动条件差。

（7）生产效率低。

12. 答：焊接坡口的选择原则包括：

（1）在保证焊件焊透的前提下，应考虑坡口形状容易加工。

（2）节省填充金属，尽可能提高生产效率。

（3）焊件焊后变形尽可能小。

13. 答：埋弧焊工艺具有以下优点：

（1）生产效率高。

（2）质量好。

（3）节省材料和电能。

（4）改善劳动条件，降低劳动强度。

缺点是：

（1）只适用于水平位置焊接。

（2）难以用来焊接铝、钛等氧化性强的金属和合金。

（3）设备比较复杂。

（4）当电流小于 100 A 时，电弧稳定性不好，不适合焊接厚度小于 1 mm 的薄板。

（5）由于熔池较深，对气孔敏感性大。

14. 答：焊接电流是决定熔深的主要因素，增大电流能提高生产效率，但在一定焊接速度下，焊接电流过大会使热影响区过大，易产生焊瘤及焊件被烧穿等缺陷；若电流过小，则熔深不足，产生熔合不好、未焊透、夹渣等缺陷，并使焊缝成形变坏。

焊接电压是决定熔宽的主要因素，焊接电压过大时，焊剂熔化量增加，电弧不稳，严重时会产生咬边和气孔等缺陷。

15. 答：手工 TIG 焊具有下列特点：

（1）保护效果好，焊缝质量高。

（2）焊接变形及应力小。

（3）电弧的功率比较低，仅适用于板厚为 6 mm 以下焊件的焊接，焊接效率比较低。

（4）成本高。

（5）引弧困难。

（6）紫外线强，钨极产生的放射性物质对焊工身体有危害。

16. 答：热裂纹的产生是由于熔池冷却结晶时受到的拉应力作用和凝固时低熔点共晶体形成的液态薄层共同作用的结果。

冷裂纹的产生是因为焊材本身具有较大的淬硬倾向，焊接熔池中熔解了多量的氢以及焊接接头在焊接过程中产生了较大的拘束应力。

17. 答：防止措施有以下几点：

（1）控制母材中铬、钼、钒等合金元素的质量分数。

（2）减小结构钢焊接残余应力。

（3）在焊接过程中采取减小焊接应力的工艺措施。

18. 答：防止措施如下：

（1）焊缝两侧各 10 mm 内，埋弧焊两侧各 20 mm 内，仔细清除焊件表面上的铁锈等污物。

（2）焊条、焊剂在焊前按规定严格烘干，并存放于保温筒中，做到随用随取。

（3）采用合适的焊接参数，使用碱性焊条焊接时一定要用短弧焊。

19．答：焊缝坡口钝边过大，坡口角度过小，焊根未清理干净，间隙太小；焊条或焊丝角度不正确，电流过小，焊接速度过快，弧长过大；焊接时有磁偏吹现象；电流过大，焊件金属尚未充分加热时焊条已急剧熔化；层间或母材边缘的铁锈、氧化皮及油污等未清除干净，焊接位置不佳，焊接可达性不好等。

20．答：产生原因：焊接电流太小，以至于液态金属和熔渣分不清；焊接速度过快，使熔渣来不及浮起；多层焊时清渣不干净；焊缝成形系数过小以及焊条角度不正确等。

防止措施：采用具有良好工艺性能的焊条，正确选用焊接电流和运条角度，焊件坡口角度不宜过小，多层焊时认真做好清渣工作等。

21．答：焊接区域中的氢主要来源于焊条药皮、焊剂中的水分、药皮中的有机物、焊件和焊丝表面的污物（铁锈、油污）、空气中的水分等。

22．答：氢的主要危害包括：氢脆性；产生气孔和冷裂纹；出现白点。

23．答：焊接时，氧主要来自于电弧中的氧化性气体、药皮中的氧化物以及焊接材料表面的氧化物。

焊接区域中氧的危害如下：

（1）降低焊缝的强度、硬度和塑性。

（2）引起焊缝金属的热脆、冷脆和时效硬化。

（3）焊缝金属的物理性能、化学性能变差。

（4）易形成 CO 气孔，增大飞溅，破坏电弧的稳定。

（5）使焊接材料中的有益合金元素烧损。

24．答：焊接裂纹就是在焊接应力及其他致脆因素的共同作用下，焊接接头局部地区的金属原子结合力遭到破坏而形成的新界面所产生的缝隙。

25．答：TIG 焊的工作原理：从喷嘴中喷出的氩气在焊接区造成一个厚而密的气体保护层隔绝空气，在氩气层流的包围中，电极在钨极和工件之间燃烧，利用电弧产生的热量熔化焊件与焊丝，从而获得牢固的焊接接头。

26．答：对直流焊机来说，当焊件接正极，焊钳（焊条）接负极时，称为正接法；反之则称为反接法。

由于电弧的热量分布不同，正接时，焊件的温度较高，可以加快焊件的熔化速度和增大熔深。反接时，焊条的温度高，熔化快，有利于电弧稳定燃烧。所以，选择极性时可根据焊条的性质和焊件所需要的热量来进行。如用碱性焊条焊接时，选用反接法；焊接厚板时，一般采用正接法；而焊接铸铁、有色金属和薄板时，则采用反接法。

27．答：TIG 焊用的电源有交流和直流。

正接法：焊件接正极，焊炬接负极。焊接时，工件接正极，温度较高，获得的熔池深而窄。钨极接负极，钨极热量低，损耗少。它可用于碳钢、低合金钢、耐热钢、不锈钢、铜和钛的焊接。

反接法：焊件接负极，焊炬接正极。钨极热量高，烧损大。但气体正离子冲向焊件，由于正离子质量大，可击碎焊件表面氧化膜而产生"阴极破碎"作用。它可用于焊接铝、镁及其合金。

交流电源由于极性交替变化，它既有"阴极破碎"作用，又有钨极消耗比直流反接法少的特点，因此适用于焊接铝、镁及其合金。

28. 答：氩气流量要选择适当，一般选用 3 ~ 20 L/min。流量过大，保护气层会产生不规则紊流；流量过小，空气易侵入。

喷嘴直径与气体流量同时增加，则保护区增大，保护效果好。但喷嘴直径不宜过大，否则影响焊工的视线。手工 TIG 焊的喷嘴直径以 5 ~ 14 mm 为佳。

选择钨极伸出长度时，若喷嘴与焊件间的距离过长，保护效果变差；过短，既影响施焊，还会烧坏喷嘴。喷嘴至焊件的距离一般为 5 ~ 15 mm。而钨极的伸出长度以 3 ~ 5 mm 为佳。

29. 答：焊条药皮具有下列作用：

（1）机械保护作用。

（2）冶金处理渗合金作用。

（3）改善焊接工艺性能。

30. 答：焊条药皮的类型主要有钛铁矿型、钛钙型、高纤维素钠型、高钛钠型、氧化铁型、低氢钠型、低氢钾型等。

31. 答：酸性焊条的特点如下：

（1）对水、铁锈的敏感性不大。

（2）电弧稳定，可用交流或直流施焊。

（3）可长弧操作。

（4）脱渣较方便，焊缝成形较好。

（5）焊接时烟尘较少。

（6）焊缝含氢量较高，抗裂性较差。

32. 答：碱性焊条的特点如下：

（1）对水、铁锈的敏感性较大。

（2）须用直流反接施焊，当药皮中加稳弧剂后，可交、直流两用。

（3）须短弧操作，否则易产生气孔。

（4）脱渣不及酸性焊条，焊缝成形一般。

（5）焊接时烟尘稍多，烟尘中含有有害物质。

（6）焊缝含氢量低，抗裂性好。

33. 答：在纯钨中加入 0.5% ~ 2% 的氧化铈（CeO）的钨极称为铈钨极。它引弧容易，电弧稳定性好，许用电流密度大，电极烧损少，使用寿命长，且几乎没有放射性，所以是一种理想的电极材料。我国目前建议尽量采用铈钨极。

34. 答：钨极的作用是：传导电流；引燃电弧；维持电弧正常燃烧。

35. 答：不等厚度、不同材料点焊时，熔核不对称于交界面而向厚板或导电、导热性差的一边偏移的现象称为熔核偏移。

熔核偏移是由两工件产热和散热条件不相同引起的。厚度不等时，厚件一边电阻大，交界面离电极远，故产热多而散热少，致使熔核偏向厚件；材料不同时，导电、导热性差的材料产热易而散热难，故熔核偏向这种材料。

36. 答：焊条药皮中的稳弧剂能提高电弧的稳定性，使焊条在交流电或直流电的情况下都能容易引弧、稳定燃烧以及电弧熄灭后再引弧。

焊条药皮中的造气剂在焊接时会产生一种保护性气体，使熔化金属与外界空气隔离，防止空气侵入；同时还有利于熔滴过渡。

37. 答：用焊接方法连接的接头叫做焊接接头。

焊接接头的形式可分为对接接头、T形接头、十字接头、搭接接头、角接接头、端接接头、套管接头、斜对接接头、卷边接头和锁底对接接头共十种。

38. 答：焊缝计算厚度就是在角焊缝断面内画出最大直角等腰三角形，从直角的顶点到斜边的垂线长度。

39. 答：当其他条件不变时，电弧电压增大，焊缝宽度显著增大而焊缝厚度和余高将略有减小。因为电弧电压增大意味着电弧长度增大，因此电弧摆动范围扩大，导致焊缝宽度增大。其次，弧长增大后，电弧热量损失加大，所以用来熔化母材和焊丝的热量减少，故焊缝厚度和余高略有减小。

40. 答：前倾时，焊缝成形系数增大，熔深浅，焊缝宽，适于焊薄板。

因为前倾时，电弧力对熔池金属后排作用减弱，熔池底部液态金属增厚，阻碍了电弧对母材的加热作用，故焊缝厚度减小。同时，电弧对熔池前部未熔化的母材预热作用加强，因此焊缝宽度增大，余高减小，适用于焊薄板。

41. 答：因为把焊件放成船形焊位置时有以下特点：

（1）能避免产生咬边等缺陷。

（2）焊缝外观平整、美观。

（3）可使用大直径焊条、大焊接电流，从而提高生产效率。

（4）操作方便。

42. 答：因为当电流增大时，被熔化的金属量也随着增多，要想迅速吹除熔化金属，就要相应增大压缩空气的压力，达到使熔化金属停留时间不至于过长，减小热影响区，得到光滑刨槽表面的目的。

43. 答：碳弧气刨电弧长度一般以 1~2 mm 为宜。因为电弧过长将引起操作不稳定，甚至熄弧。故操作时宜用短弧，以提高生产效率和碳棒利用率。但电弧太短易产生夹碳缺陷。

44. 答：碳弧气刨的碳棒伸出长度以 80~100 mm 为合适。

因为碳棒伸出长度越长，钳口离电弧就越远，压缩空气吹到熔池的风力就不足，不能将熔化金属顺利吹除；另外碳棒伸出长度越长，碳棒的电阻也增大，烧损也就越快。但伸出长度太短会引起操作不方便，故碳棒的伸出长度以 80~100 mm 为宜。

45. 答：碳弧气刨对电源的要求如下：

（1）必须用直流电源。

（2）电源应具有陡降外特性和较好的动特性。

（3）电源必须具有较大的功率。

（4）不可超载运行。

46. 答：碳弧气刨枪应符合下列要求：

导电性能良好，压缩空气能正确且集中吹出，电极能牢固夹持，更换方便，外壳绝缘良好，质量轻，使用方便。

47. 答：碳弧气刨对碳棒的要求如下：

（1）能耐高温。

（2）导电性能良好。

（3）不易断裂。

（4）断面组织细致，灰分少。

（5）成本低。

48. 答：碳弧气刨就是利用碳棒与工件间产生的电弧将金属熔化，并用压缩空气将其吹掉，实现在金属表面上加工沟槽的方法。

碳弧气刨具有下列特点：

（1）生产效率高。

（2）改善了劳动强度。

（3）使用灵活、方便，有利于保证质量。

49. 答：碳弧气刨操作前应检查电源极性，按碳棒直径和工件厚度调节电流，调节碳棒伸出长度，检查压缩空气管路并调节压力，调节风口并使其对准刨槽。

50. 答：为保证焊件尺寸，提高装配效率，防止焊接变形，所采用的夹具叫做焊接夹具。对焊接夹具的要求如下：

（1）应保证装配件尺寸、形状的正确性。

（2）使用与调整简便，且安全、可靠。

（3）结构简单，制造方便，成本低。

51. 答：钎焊时用于形成钎缝的填充金属称为钎料。按钎料的熔点不同，钎料可以分为软钎料（熔点低于450℃）和硬钎料（熔点高于450℃）两类。按组成钎料的主要元素，钎料可分为各种金属基的钎料。软钎料包括锡基、铅基、铋基、铟基、锌基、镉基等，其中锡、铅钎料是应用最广泛的一类软钎料。硬钎料包括铝基、银基、铜基、镁基、锰基、镍基、金基、钯基、钼基、钛基等，其中银基钎料是应用最广泛的一类硬钎料。

52. 答：熔化极气体保护焊常用的气体有氩气（Ar）、氦气（He）、氮气（N_2）、氢气（H_2）、二氧化碳（CO_2）及混合气体。其中氩气和二氧化碳应用最广泛。

53. 答：对气焊熔剂的要求如下：

（1）熔剂应具有很强的反应能力，能迅速溶解某些氧化物或高熔点化合物，生成低熔点和易挥发的化合物。

（2）熔化的熔剂应黏度小，流动性好，熔渣的熔点和密度应比母材及焊丝低。

（3）熔剂能降低熔化金属的表面张力。

（4）熔剂应无毒和腐蚀性。

（5）焊后熔渣易清除。

54. 答：金属切割的条件如下：

（1）金属材料的燃点应低于熔点。

（2）金属氧化物的熔点应低于金属的熔点。

（3）金属的导热性要差。

（4）金属燃烧时应是放热反应。

（5）金属中含阻碍切割和易淬硬的元素杂质要少。

55. 答：引起钢材变形的因素如下：

（1）钢在轧制过程中可能产生残余应力而使钢材变形。

（2）钢在加工过程中由于外力或不均匀加热造成变形。

（3）钢材因运输、存放不当引起的变形。

56. 答：钢材矫正的基本原理是：通过外力或加热，使钢材较短的纤维伸长，或使较长的纤维缩短，最后使各部分纤维长度趋于一致，从而消除钢材或制件的弯曲、凸凹不平等变形。常用的矫正方法有手工矫正、火焰矫正和机械矫正三类。

57. 答：放样基准一般有三种类型，即：

（1）以两个相互垂直的平面（或线）为基准。

（2）以两条中心线为基准。

（3）以一个平面和一条中心线为基准。

58. 答：根据构件的工作要求和应用范围，铆接可分为以下三种：

（1）强固铆接。其特点是铆钉能承受大的作用力，能保证构件有足够的强度。密封性不好。

（2）紧密铆接。其特点是不承受大的作用力，密封性好。

（3）密固铆接。其特点是铆钉能承受大的作用力，密封性好。

五、计算题

1. 解：已知：$d_1 = 20$ mm，$d_2 = 40$ mm，$d_3 = 25$ mm；$L_1 = 50$ mm，$L_2 = 180$ mm，$L_3 = 50$ mm，$\rho = 7.8$ g/cm^3

由公式：

$$\rho = \frac{m}{V}$$

得：

$$m = \rho V = \rho \frac{\pi}{4} \times (d_1^2 L_1 + d_2^2 L_2 + d_3^2 L_3)$$

$$= 7.8 \times \frac{3.14}{4} \times (2^2 \times 5 + 4^2 \times 18 + 2.5^2 \times 5)$$

$$\approx 2\,077 \text{（g）}$$

$$= 2.077 \text{（kg）}$$

答：轴的质量约为 2.077 kg。

2. 解：由公式：

$$R_{eL} = \frac{F_{eL}}{S_0}, \quad R_m = \frac{F_m}{S_0}$$

$$Z = \frac{S_0 - S_1}{S_0} \times 100\%, \quad A = \frac{L_1 - L_0}{L_0} \times 100\%$$

已知：$F_{eL} = 27\ 318$ N，$F_m = 43\ 018$ N

$L_1 = 62$ mm，$L_0 = 5d_0 = 50$ mm

$d_1 = 7.3$ mm，$d_0 = 10$ mm

国家标准规定的力学性能指标为：$[R_{eL}] = 340$ MPa

$[R_m] = 540$ MPa

$[A] = 19\%$

$[Z] = 45\%$

将已知条件代入公式得：

$$R'_{eL} = \frac{27\ 318 \times 4}{3.14 \times 10^2} = 348(\text{MPa}) > [R_{eL}]$$

$$R'_m = \frac{43\ 018 \times 4}{3.14 \times 10^2} = 548(\text{MPa}) > [R_m]$$

$$A' = \frac{62 - 50}{50} \times 100\% = 24\% > [A]$$

$$Z' = \frac{10^2 - 7.3^2}{10^2} \times 100\% \approx 46.7\% > [Z]$$

答：从计算结果可见这批钢材符合国家标准，是合格品。

3. 解：在图 I—1a 中，可以看出载流导线与磁场之间夹角 $\alpha = 90°$，因此导线受到的电磁力为：

$$F = BIL\sin\alpha$$
$$= 0.1 \times 12 \times 0.8 \times \sin 90°$$
$$= 0.96(\text{N})$$

由左手定则可知：力的方向与载流导线垂直，指向左上方。

在图 I—1b 中，载流导线与磁场之间夹角 $\alpha = 45°$，导线所受到的电磁力为：

$$F = BIL\sin\alpha$$
$$= 0.1 \times 12 \times 0.8 \times \sin 45°$$
$$\approx 0.678\ 7(\text{N})$$

由左手定则可知：力的方向垂直纸面向里。

在图 I—1c 中，载流导线与磁场之间夹角 $\alpha = 90°$，导线所受的电磁力为：

$$F = BIL\sin\alpha$$
$$= 0.1 \times 12 \times 0.8 \times \sin 90°$$
$$= 0.96(\text{N})$$

由左手定则可知：力的方向与导线垂直，指向左上方。

答：各载流导线受力大小及方向如上所述。

4. 解：由公式 $E = BLv\sin\alpha$ 可知：

当 $\alpha = 0°$ 时，$E = BLv\sin\alpha$
$$= 1 \times 0.3 \times 16 \times \sin 0° = 0\ (\text{V})$$

当 $\alpha = 30°$ 时，$E = BLv\sin\alpha$

$$= 1 \times 0.3 \times 16 \times \sin 30° = 2.4 \ （V）$$

当 $\alpha = 90°$ 时，$E = BLv\sin\alpha$

$$= 1 \times 0.3 \times 16 \times \sin 90° = 4.8 \ （V）$$

答：各导线两端产生的感应电动势如上所述。

5．$I = （30 \sim 50）$ $d = 180 \sim 300 \ （A）$

答：碳弧气刨时应选用 $180 \sim 300$ A 的刨削电流。

模拟试卷（一）

一、填空题

1．横截面的基本形式或特征；20　　2．晶核产生；长大　　3．电弧燃烧的工作点　　4．下降；降压　　5．熔宽；熔深　　6．降低焊接电流；采用高频引弧　　7．脱氧；合金元素；力学性能　　8．不等厚度钢板　　9．坡口面角度　　10．焊趾　　11．小 2 mm　　12．焊接夹具　　13．机械　　14．外环缝　　15．锯削　　16．电石与水反应　　17．气焊　　18．设于瓶肩上的易熔塞

二、选择题

1．A　　2．C　　3．B　　4．A　　5．D　　6．B　　7．B　　8．B
9．A　　10．A　　11．B　　12．C　　13．A　　14．C　　15．D　　16．B
17．C　　18．C；A；B　　19．D　　20．B

三、判断题

1．√　　2．√　　3．√　　4．√　　5．×　　6．√　　7．√　　8．×
9．×　　10．×　　11．√　　12．√　　13．√　　14．×　　15．×　　16．√
17√　　18．√　　19．×　　20．×

四、简答题

1．答：电弧的静特性曲线呈 U 形，它有三个不同的区域，当电流较小时，电弧静特性属于下降特性区，即随着电流增大而电压减小；当电流稍大时，电弧特性属于水平特性区，也就是电流变化而电压几乎不变；当电流较大时，电弧静特性属于上升特性区，电压随电流的增大而升高。

2．答：防止热裂纹产生的方法如下：

（1）控制焊缝中有害杂质的含量。

（2）预热，以降低冷却速度，改善应力状况。

（3）采用碱性焊条。

（4）控制焊缝形状，避免得到窄而深的焊缝。

（5）采用收弧板，防止弧坑、裂纹的产生。

3．答：氧对焊缝的影响如下：

随着焊缝中氧的质量分数增加，其强度、硬度和塑性明显下降，同时还会引起焊缝金属的热脆、冷脆和时效硬化。氧对焊缝金属的物理性能和化学性能也有影响，如降低

焊逢的导电性、导磁性和耐腐蚀性等。溶解在熔池中的氧还易形成 CO 气孔，烧损焊接材料中有益的合金元素，使焊缝性能变坏。在熔滴中，氧和碳过多时易造成飞溅，影响焊接过程的稳定性。

4. 答：焊条选用原则如下：

（1）低碳钢、中碳钢及低合金钢按焊件的抗拉强度来选用相应强度的焊条，使熔敷金属的抗拉强度与焊件的抗拉强度相等或相近。

（2）对于不锈钢、耐热钢、堆焊等焊件选用焊条时，应从保证焊接接头的特殊性能出发，要求焊缝金属化学成分与母材相同或相近。

（3）对于低碳钢之间、中碳钢之间、低合金钢之间及它们之间的异种钢焊接，一般根据强度等级较低的钢材按焊缝与母材抗拉强度相等或相近的原则选用相应的焊条。

（4）重要焊缝要选用碱性焊条。

（5）在满足性能前提下尽量选用酸性焊条。

5. 答：熔焊时，在单道焊缝横截面上焊缝宽度（B）与焊缝计算厚度（H）的比值，即 $\varphi = \dfrac{B}{H}$ 叫做焊缝成形系数。φ 越小，则表示焊缝窄而深，这样的焊缝中容易产生气孔、夹渣和裂纹，所以焊缝成形系数应保持一定的数值。

五、计算题

1. 解：已知：$F_{eL} = 21\ 100$ N

$F_m = 34\ 500$ N

$d_0 = 10$ mm，$S_0 = \dfrac{1}{4}\pi d_0^2 = 78.5$ mm^2

$d_1 = 4.9$ mm

由公式：
$$R_{eL} = \frac{F_{eL}}{S_0},\ R_m = \frac{F_m}{S_0}$$

得：
$$R_{eL} = \frac{21\ 100}{78.5} \approx 268.79\ （\text{MPa}）\ \approx 270\ （\text{MPa}）$$

$$R_m = \frac{34\ 500}{78.5} \approx 439.49\ （\text{MPa}）\ \approx 440\ （\text{MPa}）$$

又因为：
$$A = \frac{L_1 - L_0}{L_0} \times 100\%$$

$$Z = \frac{S_0 - S_1}{S_0} \times 100\%$$

$$= \frac{d_0^2 - d_1^2}{d_0^2} \times 100\%$$

已知：$L_0 = 50$ mm　$L_1 = 79$ mm

代入公式得：
$$A \approx 58\%$$

$$Z \approx 76\%$$

答：屈服强度约为 270 MPa；抗拉强度约为 440 MPa；断后伸长率约为 58%；断面收缩率约为 76%。

2．解：（1）由公式：
$$\frac{I_1}{I_2} = \frac{U_2}{U_1} = \frac{N_2}{N_1} = n$$

得：
$$N_2 = \frac{U_2}{U_1}N_1 = \frac{36}{220} \times 825 = 135（匝）$$

（2）由公式：
$$P_2 = I_2 U_2$$

得：
$$I_2 = \frac{P_2}{U_2} = \frac{100}{36} \approx 2.78（A）$$

$$I_1 = \frac{U_2}{U_1} \times I_2 = \frac{36}{220} \times 2.78$$

$$\approx 0.455（A）$$

答：二次绕组匝数为 135 匝，一次绕组、二次绕组中电流分别为 0.455 A 和 2.78 A。

模拟试卷（二）

一、填空题

1．熔化极活性气体保护焊（MAG 焊）　　2．在焊接回路中串一可调电感　　3．接触短路引燃法；高频高压引弧法　　4．酸；碱　　5．阴极破碎　　6．热裂纹

7．酸性焊条；碱性焊条　　8．99.99%　　9．带垫板的 V 形坡口　　10．防止根部烧穿　　11．焊缝厚度　　12．夹碳　　13．传动力媒介　　14．锤子敲击錾子

15．瓶阀中的金属安全膜　　16．预热—燃烧—吹渣　　17．放样台（或平板）

二、选择题

1．B　　2．C　　3．B　　4．C　　5．A　　6．A　　7．A　　8．C

9．B　　10．C

三、判断题

1．×　　2．√　　3．√　　4．×　　5．√　　6．×　　7．×　　8．×

9．√　　10．√　　11．√　　12．√　　13．×　　14．√　　15．×　　16．√

17．√　　18．×　　19．×　　20．×

四、简答题

1．答：焊条电弧焊和埋弧焊对于电源的基本要求包括：

（1）要有合适的空载电压和短路电流。

（2）要有下降的外特性。

（3）要有良好的动特性。

（4）要有灵活的调节特性。

2．答：焊条电弧焊的焊接参数包括：焊条种类和牌号、焊接电源种类和极性、焊接电流、焊条直径、电弧电压、焊接速度、焊接层数。

3．答：防止方法包括：

（1）焊前按规定要求严格烘干焊条、焊剂。

（2）采用低氢型碱性焊条和焊剂。

（3）焊接淬硬性较强的低合金高强钢时采用奥氏体不锈钢焊条。

（4）焊前预热。

（5）后热。

（6）适当增大焊接电流，减慢焊接速度，防止形成淬硬组织。

4. 答：埋弧焊时，能够熔化形成熔渣和气体，对熔化金属起保护作用并进行复杂的冶金反应的一种颗粒状物质叫做焊剂。焊剂的作用是：

（1）产生气体和熔渣，起机械保护作用。

（2）对焊缝金属渗合金，改善化学成分和提高力学性能。

（3）改善焊接工艺性能。

5. 答：当焊接电流增大时：

（1）焊缝厚度增大。因为焊接电流增大时，电弧的热量增加，所以熔池体积和深度也增大了，故冷却后焊缝厚度就增大。

（2）余高增大。因为焊丝的熔化量随着焊接电流的增大而增大，因此焊缝的余高也增大。

（3）熔宽几乎不变。当焊接电流增大时，一方面电弧截面略有增加，导致熔宽增大；另一方面电流增大促使熔深增大。由于电压不变，故弧长不变，导致电弧深入熔池，使电弧摆动范围缩小，从而促使熔宽减小。其共同作用导致熔宽几乎保持不变。

6. 答：碳弧气刨的工艺参数包括：极性、碳棒直径与电流、刨削速度、压缩空气压力、电弧长度、碳棒倾角、碳棒伸出长度。

五、计算题

1. 解：由公式

$$\alpha_1 = \frac{L_2 - L_1}{\Delta t L_1}$$

得：

$$L_2 = L_1 + \alpha_1 \Delta t L_1 \qquad ①$$

已知：$\alpha_1 = 17.8 \times 10^{-6} 1/℃$

$\Delta t = t_2 - t_1 = 55 - 15 = 40$（℃）

$L_1 = 400$（mm）

代入①式得：

$$L_2 = 400 + 17.8 \times 10^{-6} \times 40 \times 400$$
$$\approx 400.285 \text{（mm）}$$

答：此时黄铜棒长约为 400.285 mm。

2. 解：由欧姆定律得：

$$U_2 = I_2 R_2 = 100 \times 4 = 400 \text{（V）}$$

由公式：

$$\frac{I_1}{I_2} = \frac{U_2}{U_1} = \frac{N_2}{N_1} = \frac{1}{n}$$

得：

$$N_2 = \frac{U_2}{U_1} N_1 = \frac{400}{10\,000} \times 2\,000 = 80 \text{（匝）}$$

$$I_1 = \frac{U_2}{U_1}I_2 = \frac{400}{10\ 000} \times 100 = 4 \ (A)$$

$$n = \frac{U_1}{U_2} = \frac{10\ 000}{400} = 25$$

答：二次绕组电压为 400 V，匝数为 80 匝，一次绕组电流为 4 A，变比为 25。

初级焊工技能操作考核试题及评分标准

试题1　低碳钢或低合金钢板T形接头立位焊条电弧焊

1. 材料要求

（1）试件材料、尺寸：Q235 或 Q345（Q345R）、300 mm × 100 mm × 10 mm 两件，焊件及技术要求如图1—1所示。

（2）焊材与母材相匹配，建议选用 E4303（E4315）或 E5015，ϕ3.2 mm、ϕ4 mm 焊条。

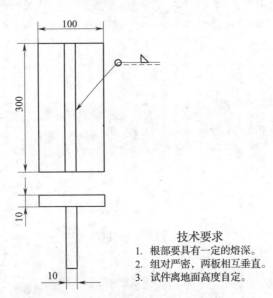

技术要求
1. 根部要具有一定的熔深。
2. 组对严密，两板相互垂直。
3. 试件离地面高度自定。

图1—1　低碳钢或低合金钢T形接头立位焊试件图

2. 考核要求

（1）焊条必须按要求规定烘干，随用随取。

（2）焊前清理待焊部位，露出金属光泽。

（3）试件的空间位置符合立位焊要求。

（4）试件一经施焊不得任意改变焊接位置。

（5）焊缝表面清理干净，并保持焊缝原始状态。

（6）焊接操作时间为 30 min。

3. 评分标准

评分标准见表1—1。

表 1—1   评分标准

序号	考核内容	考核要点	配分	评分标准	检测结果	扣分	得分
1	焊前准备	劳动着装及工具准备齐全,并符合要求,参数设置、设备调试正确	5	劳保着装不符合要求,参数设置、设备调试不正确有一项扣 1 分			
2	焊接操作	试件固定的空间位置符合要求	10	试件固定的空间位置超出规定范围不得分			
3	焊缝外观	焊缝表面不允许有焊瘤、气孔、夹渣	10	出现任何一种缺陷不得分			
		焊缝咬边深度≤0.5 mm,两侧咬边总长不超过焊缝有效长度的 15%	10	焊缝咬边深度≤0.5 mm,累计长度每 5 mm 扣 1 分,累计长度超过焊缝有效长度的 15% 不得分;咬边深度 >0.5 mm 不得分			
		焊缝凹凸度≤1.5 mm	10	超标不得分			
		焊脚 $K = \delta + (0 \sim 3)$ mm,焊脚差≤2 mm	10	每种超一处扣 5 分,扣完为止			
		焊缝成形美观,纹理均匀、细密,高低、宽窄一致	5	焊缝平整,焊纹不均匀扣 2 分;外观成形一般,焊缝平直,局部高低、宽窄不一致扣 3 分;焊缝弯曲,高低、宽窄明显不得分			
		两板之间夹角为 90°±2°	5	超差不得分			
4	宏观金相	根部熔深≥0.5 mm	10	根部熔深 <0.5 mm 不得分			
		气孔或夹渣最大尺寸≤1.5 mm	10	尺寸≤1.5 mm,每处扣 3 分;尺寸 >1.5 mm 不得分			
		无裂纹	10	发现裂纹扣 10 分			
5	其他	安全文明生产	5	设备、工具复位,试件、场地清理干净,有一处不符合要求扣 1 分			
6	定额	操作时间		超时停止操作			
合计			100				

否定项:1. 焊缝表面存在裂纹、未熔合及烧穿缺陷。2. 焊接操作时任意更改试件焊接位置。3. 焊缝原始表面被破坏。4. 焊接时间超出定额。

试题 2 低碳钢管板插入式垂直固定俯位焊条电弧焊

1. 材料要求

(1) 试件材料、尺寸:20 钢、ϕ60 mm×100 mm×5 mm 一件,Q235A 钢、100 mm×100 mm×12 mm 一件,焊件及技术要求如图 1—2 所示。

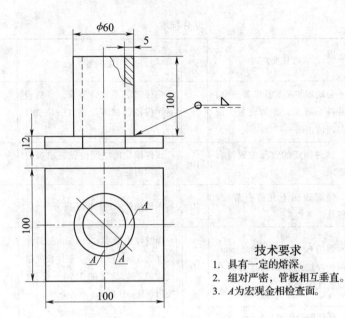

技术要求
1. 具有一定的熔深。
2. 组对严密，管板相互垂直。
3. A为宏观金相检查面。

图1—2　低碳钢管板插入式垂直固定俯位焊试件图

（2）焊材与母材相匹配，建议选用 E4303，ϕ2.5 mm、ϕ3.2 mm 焊条。

2. 考核要求

（1）焊条必须按要求规定烘干，随用随取。

（2）焊前清理待焊部位，露出金属光泽。

（3）试件的空间位置符合管板垂直固定焊要求。

（4）试件一经施焊不得任意改变焊接位置。

（5）焊缝表面清理干净，并保持焊缝原始状态。

（6）焊接操作时间为 30 min。

3. 评分标准

评分标准见表1—2。

表1—2　　　　　　　　　　　　评分标准

序号	考核内容	考核要点	配分	评分标准	检测结果	扣分	得分
1	焊前准备	劳保着装及工具准备齐全，并符合要求，参数设置、设备调试正确	5	劳保着装不符合要求，参数设置、设备调试不正确有一项扣1分			
2	焊接操作	试件固定的空间位置符合要求	10	试件固定的空间位置超出规定范围不得分			
3	焊缝外观	焊缝表面不允许有焊瘤、气孔、夹渣	10	出现任何一种缺陷不得分			

序号	考核内容	考核要点	配分	评分标准	检测结果	扣分	得分
3	焊缝外观	焊缝咬边深度≤0.5 mm，两侧咬边总长不超过焊缝有效长度的15%	10	焊缝咬边深度≤0.5 mm，累计长度每5 mm扣1分，累计长度超过焊缝有效长度的15%不得分；咬边深度>0.5 mm不得分			
		焊缝凹凸度≤1.5 mm	10	超标不得分			
		焊脚 $K = \delta + (0 \sim 3)$ mm	10	每种超一处扣5分，扣完为止			
		焊缝成形美观，纹理均匀、细密，高低、宽窄一致	5	焊缝平整，焊纹不均匀扣2分；外观成形一般，焊缝平直，局部高低、宽窄不一致扣3分；焊缝弯曲，高低、宽窄明显不得分			
		管板之间夹角为90°±2°	5	超差不得分			
4	宏观金相	根部熔深≥0.5 mm	10	根部熔深<0.5 mm不得分			
		条状缺陷	10	尺寸≤0.5 mm，数量不多于3个每个扣1分，数量超过3个不得分；尺寸>0.5 mm且≤1.5 mm，数量不多于1个扣5分，数量多于1个不得分；尺寸>1.5 mm不得分			
		点状缺陷	10	尺寸≤0.5 mm，数量不多于3个每个扣2分，数量超过3个不得分；尺寸>0.5 mm且≤1.5 mm，数量不多于1个扣5分，数量多于1个不得分；尺寸>1.5 mm不得分			
5	其他	安全文明生产	5	设备、工具复位，试件、场地清理干净，有一处不符合要求扣1分			
6	定额	操作时间	—	超时停止操作			
	合计		100				

否定项：1. 焊缝表面存在裂纹、未熔合及烧穿缺陷。2. 焊接操作时任意更改试件焊接位置。3. 焊缝原始表面被破坏。4. 焊接时间超出定额。

试题3 低碳钢或低合金钢板 V 形坡口对接平位焊条电弧焊

1. 材料要求

（1）试件材料、尺寸：20 钢（Q235A）或 Q345、300 mm×100 mm×12 mm 两件，焊件及技术要求如图 1—3 所示。

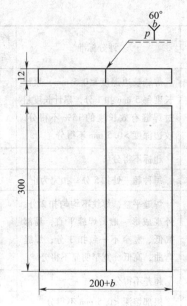

技术要求
1. 单面焊双面成形。
2. 钝边、间隙、反变形自定。

图1—3　低碳钢或低合金钢板V形坡口对接平位焊试件图

（2）焊材与母材相匹配，建议选用 E4315（E4303）或 E5015，$\phi3.2$ mm、$\phi4$ mm 焊条。

2. 考核要求

（1）焊条必须按要求规定烘干，随用随取。

（2）焊前清理坡口，露出金属光泽。

（3）试件的空间位置符合平位焊要求。

（4）试件一经施焊不得任意改变焊接位置。

（5）焊缝表面清理干净，并保持焊缝原始状态。

（6）定位焊点在试件背面两端 20 mm 范围内。

（7）焊接操作时间为 45 min。

3. 评分标准

评分标准见表1—3。

表1—3　　　　　　　　　　　　　评分标准

序号	考核内容	考核要点	配分	评分标准	检测结果	扣分	得分
1	焊前准备	劳保着装及工具准备齐全，并符合要求，参数设置、设备调试正确	5	劳保着装不符合要求，参数设置、设备调试不正确有一项扣1分			
2	焊接操作	试件固定的空间位置符合要求	10	试件固定的空间位置超出规定范围不得分			
3	焊缝外观	焊缝表面不允许有焊瘤、气孔、夹渣	10	出现任何一种缺陷不得分			

序号	考核内容	考核要点	配分	评分标准	检测结果	扣分	得分
3	焊缝外观	焊缝咬边深度≤0.5 mm,两侧咬边总长不超过焊缝有效长度的15%	8	焊缝咬边深度≤0.5 mm,累计长度每5 mm扣1分,累计长度超过焊缝有效长度的15%不得分;咬边深度>0.5 mm不得分			
		背面凹坑深度≤20%δ,且≤1 mm,累计长度不超过焊缝有效长度的10%	8	背面凹坑深度≤20%δ,且≤1 mm,累计长度每5 mm扣1分,累计长度超过焊缝有效长度的10%不得分;背面凹坑深度>1 mm不得分			
		焊缝余高为0~3 mm,余高差≤2 mm;焊缝宽度比坡口每侧增宽0.5~2.5 mm,宽度差≤3 mm	10	每种尺寸超差一处扣2分,扣完为止			
		焊缝成形美观,纹理均匀、细密,高低、宽窄一致	6	焊缝平整,焊纹不均匀扣2分;外观成形一般,焊缝平直,局部高低、宽窄不一致扣3分;焊缝弯曲,高低、宽窄明显不得分			
		错边≤10%δ	5	超差不得分			
		焊后角变形≤3°	3	超差不得分			
4	内部质量	X射线探伤	30	Ⅰ级片不扣分,Ⅱ级片扣10分,Ⅲ级及以下不得分			
5	其他	安全文明生产	5	设备、工具复位,试件、场地清理干净,有一处不符合要求扣1分			
6	定额	操作时间		超时停止操作			
	合计		100				

否定项:1. 焊缝表面存在裂纹、未熔合及烧穿缺陷。2. 焊接操作时任意更改试件焊接位置。3. 焊缝原始表面被破坏。4. 焊接时间超出定额。

试题4 低碳钢大直径管水平转动焊条电弧焊

1. 材料要求

(1)试件材料、尺寸:20钢、φ108 mm×100 mm×8 mm两件,焊件及技术要求如图1-4所示。

(2)焊材与母材相匹配,建议选用E4303(E4315),φ2.5 mm、φ3.2 mm、φ4 mm焊条。

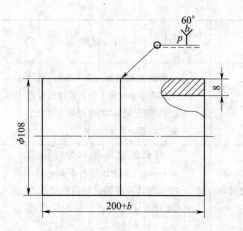

技术要求
1. 单面焊双面成形。
2. 钝边、间隙自定。

图1—4　低碳钢大直径管水平转动焊试件图

2. 考核要求

（1）焊条必须按要求规定烘干，随用随取。

（2）焊前清理坡口，露出金属光泽。

（3）试件的空间位置符合管水平转动焊要求。

（4）试件一经施焊不得任意改变焊接位置。

（5）焊缝表面清理干净，并保持焊缝原始状态。

（6）焊接操作时间为 45 min。

3. 评分标准

评分标准见表1—4。

表1—4　　　　　　　　　　　　评分标准

序号	考核内容	考核要点	配分	评分标准	检测结果	扣分	得分
1	焊前准备	劳保着装及工具准备齐全，并符合要求，参数设置、设备调试正确	5	劳保着装不符合要求，参数设置、设备调试不正确有一项扣1分			
2	焊接操作	试件的空间位置符合要求	10	试件的空间位置超出规定范围不得分			
3	焊缝外观	焊缝表面不允许有焊瘤、气孔、夹渣	10	出现任何一种缺陷不得分			
		焊缝咬边深度≤0.5 mm，两侧咬边总长不超过焊缝有效长度的15%	8	焊缝咬边深度≤0.5 mm，累计长度每5 mm扣1分，累计长度超过焊缝有效长度的15%不得分；咬边深度＞0.5 mm不得分			

序号	考核内容	考核要点	配分	评分标准	检测结果	扣分	得分
3	焊缝外观	背面凹坑深度≤20%δ，且≤1 mm，累计长度不超过焊缝有效长度的10%	8	背面凹坑深度≤20%δ，且≤1 mm，累计长度每5 mm扣1分，累计长度超过焊缝有效长度的10%不得分；背面凹坑深度>1 mm不得分			
		焊缝余高为0~3 mm，余高差≤2 mm；焊缝宽度比坡口每侧增宽0.5~2.5 mm，宽度差≤3 mm	10	每种尺寸超差一处扣2分，扣完为止			
		焊缝成形美观，纹理均匀、细密，高低、宽窄一致	6	焊缝平整，焊纹不均匀扣2分；外观成形一般，焊缝平直，局部高低、宽窄不一致扣3分；焊缝弯曲，高低、宽窄明显不得分			
		错边≤10%δ	5	超差不得分			
		焊后角变形≤3°	3	超差不得分			
4	内部质量	X射线探伤	30	Ⅰ级片不扣分，Ⅱ级片扣10分，Ⅲ级及以下不得分			
5	其他	安全文明生产	5	设备、工具复位，试件、场地清理干净，有一处不符合要求扣1分			
6	定额	操作时间		超时停止操作			
	合计		100				

否定项：1. 焊缝表面存在裂纹、未熔合及烧穿缺陷。2. 焊接操作时任意更改试件焊接位置。3. 焊缝原始表面被破坏。4. 焊接时间超出定额。

试题5　低碳钢（低合金钢）V形坡口对接平位 CO_2（MAG）焊

1. 材料要求

（1）试件材料、尺寸：Q235A（Q345、Q345R）、300 mm×100 mm×12 mm 两件，焊件及技术要求如图1—5所示。

（2）焊材与母材相匹配，建议选用 ER50—6 或 ER49—1（H08Mn2SiA）、ϕ1.0 mm 或 ϕ1.2 mm 焊丝，100% CO_2 气体或（80% Ar + 20% CO_2）气体。

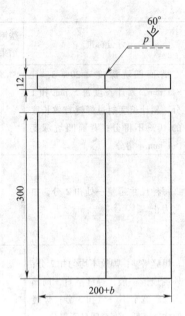

技术要求
1. 单面焊双面成形。
2. 钝边、间隙、反变形自定。

图1—5　低碳钢（低合金钢）V形坡口对接平位焊试件图

2. 考核要求

（1）焊前清理坡口，露出金属光泽，焊丝除锈。

（2）试件的空间位置符合平位焊要求。

（3）试件一经施焊不得任意改变焊接位置。

（4）焊缝表面清理干净，并保持焊缝原始状态。

（5）定位焊点在试件背面两端20 mm范围内。

（6）焊接操作时间为45 min。

3. 评分标准

评分标准见表1—5。

表1—5　　　　　　　　　　　评分标准

序号	考核内容	考核要点	配分	评分标准	检测结果	扣分	得分
1	焊前准备	劳保着装及工具准备齐全，并符合要求，参数设置、设备调试正确	5	劳保着装不符合要求，参数设置、设备调试不正确有一项扣1分			
2	焊接操作	试件固定的空间位置符合要求	10	试件固定的空间位置超出规定范围不得分			
3	焊缝外观	焊缝表面不允许有焊瘤、气孔、夹渣	10	出现任何一种缺陷不得分			

续表

序号	考核内容	考核要点	配分	评分标准	检测结果	扣分	得分
3	焊缝外观	焊缝咬边深度 ≤0.5 mm，两侧咬边总长不超过焊缝有效长度的 15%	8	焊缝咬边深度 ≤0.5 mm，累计长度每 5 mm 扣 1 分，累计长度超过焊缝有效长度的 15% 不得分；咬边深度 >0.5 mm 不得分			
		背面凹坑深度 ≤20%δ，且 ≤1 mm，累计长度不超过焊缝有效长度的 10%	8	背面凹坑深度 ≤20%δ，且 ≤1 mm，累计长度每 5 mm 扣 1 分，累计长度超过焊缝有效长度的 10% 不得分；背面凹坑深度 >1 mm 不得分			
		焊缝余高为 0~3 mm，余高差 ≤2 mm；焊缝宽度比坡口每侧增宽 0.5~2.5 mm，宽度差 ≤3 mm	10	每种尺寸超差一处扣 2 分，扣完为止			
		焊缝成形美观，纹理均匀、细密，高低、宽窄一致	6	焊缝平整，焊纹不均匀扣 2 分；外观成形一般，焊缝平直，局部高低、宽窄不一致扣 3 分；焊缝弯曲，高低、宽窄明显不得分			
		错边 ≤10%δ	5	超差不得分			
		焊后角变形 ≤3°	3	超差不得分			
4	内部质量	X 射线探伤	30	Ⅰ 级片不扣分，Ⅱ 级片扣 10 分，Ⅲ 级及以下不得分			
5	其他	安全文明生产	5	设备、工具复位，试件、场地清理干净，有一处不符合要求扣 1 分			
6	定额	操作时间		超时停止操作			
	合计		100				

否定项：1. 焊缝表面存在裂纹、未熔合及烧穿缺陷。2. 焊接操作时任意更改试件焊接位置。3. 焊缝原始表面被破坏。4. 焊接时间超出定额。

试题 6　低碳钢（低合金钢）管板插入式垂直固定俯位 CO$_2$（MAG）焊

1. 材料要求

（1）试件材料、尺寸：20 钢（Q345）、ϕ57 mm × 100 mm × 4 mm 一件，Q235A（Q345R）、100 mm × 100 mm × 12 mm 一件，焊件及技术要求如图 1—6 所示。

（2）焊材与母材相匹配，建议选用 ER50—6、ER49—1（H08Mn2SiA）、ϕ1.0 mm 或 ϕ1.2 mm 焊丝，100% CO$_2$ 气体或（80% Ar + 20% CO$_2$）气体。

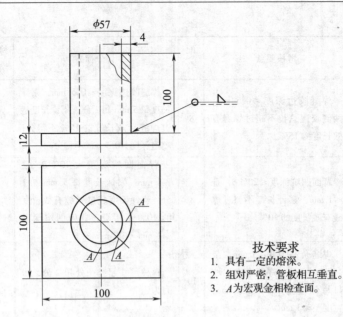

技术要求
1. 具有一定的熔深。
2. 组对严密，管板相互垂直。
3. *A*为宏观金相检查面。

图1—6　低碳钢（低合金钢）管板插入式垂直固定俯位焊试件图

2. 考核要求

（1）焊前清理坡口，露出金属光泽，焊丝除锈。

（2）试件的空间位置符合垂直固定俯位焊要求。

（3）试件一经施焊不得任意改变焊接位置。

（4）焊缝表面清理干净，并保持焊缝原始状态。

（5）焊接操作时间为 30 min。

3. 评分标准

评分标准见表1—6。

表1—6　　　　　　　　　　　评分标准

序号	考核内容	考核要点	配分	评分标准	检测结果	扣分	得分
1	焊前准备	劳保着装及工具准备齐全，并符合要求，参数设置、设备调试正确	5	劳保着装不符合要求，参数设置、设备调试不正确有一项扣1分			
2	焊接操作	试件固定的空间位置符合要求	10	试件固定的空间位置超出规定范围不得分			
3	焊缝外观	焊缝表面不允许有焊瘤、气孔、夹渣	10	出现任何一种缺陷不得分			
		焊缝咬边深度≤0.5 mm，两侧咬边总长不超过焊缝有效长度的15%	10	焊缝咬边深度≤0.5 mm，累计长度每5 mm扣1分，累计长度超过焊缝有效长度的15%不得分；咬边深度>0.5 mm不得分			

序号	考核内容	考核要点	配分	评分标准	检测结果	扣分	得分
3	焊缝外观	焊缝凹凸度≤1.5 mm	10	超标不得分			
		焊脚 $K = \delta + (0 \sim 3)$ mm	10	每种超一处扣5分,扣完为止			
		焊缝成形美观,纹理均匀、细密、高低、宽窄一致	5	焊缝平整,焊纹不均匀扣2分;外观成形一般,焊缝平直,局部高低、宽窄不一致扣3分;焊缝弯曲,高低、宽窄明显不得分			
		管板之间夹角为90°±2°	5	超差不得分			
4	宏观金相	根部熔深≥0.5 mm	10	根部熔深<0.5 mm不得分			
		条状缺陷	10	尺寸≤0.5 mm,数量不多于3个每个扣1分,数量超过3个不得分;尺寸>0.5 mm且≤1.5 mm,数量不多于1个扣5分,数量多于1个不得分;尺寸>1.5 mm不得分			
		点状缺陷	10	尺寸≤0.5 mm,数量不多于3个每个扣2分,数量超过3个不得分;尺寸>0.5 mm且≤1.5 mm,数量不多于1个扣5分,数量多于1个不得分;尺寸>1.5 mm不得分			
5	其他	安全文明生产	5	设备、工具复位,试件、场地清理干净,有一处不符合要求扣1分			
6	定额	操作时间		超时停止操作			
	合计		100				

否定项:1. 焊缝表面存在裂纹、未熔合及烧穿缺陷。2. 焊接操作时任意更改试件焊接位置。3. 焊缝原始表面被破坏。4. 焊接时间超出定额。

试题7　低合金钢T形接头平位 CO_2（MAG）焊

1. 材料要求

（1）试件材料、尺寸:Q345（Q345R）、300 mm×80 mm×10 mm一件,300 mm×150 mm×10 mm一件,焊件及技术要求如图1—7所示。

（2）焊材与母材相匹配,建议选用ER50—6、ER49—1（H08Mn2SiA）、ϕ1.0 mm或ϕ1.2 mm焊丝,100% CO_2气体或（80% Ar +20% CO_2）气体。

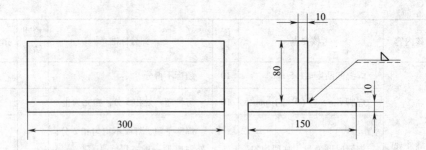

技术要求

1. 根部要具有一定的熔深。
2. 组对严密，两板相互垂直。

图 1—7　低合金钢 T 形接头平位焊试件图

2. 考核要求

（1）焊前清理坡口，露出金属光泽，焊丝除锈。

（2）试件的空间位置符合平位焊要求。

（3）试件一经施焊不得任意改变焊接位置。

（4）焊缝表面清理干净，并保持焊缝原始状态。

（5）焊接操作时间为 30 min。

3. 评分标准

评分标准见表 1—7。

表 1—7　　　　　　　　　　评分标准

序号	考核内容	考核要点	配分	评分标准	检测结果	扣分	得分
1	焊前准备	劳保着装及工具准备齐全，并符合要求，参数设置、设备调试正确	5	劳保着装不符合要求，参数设置、设备调试不正确有一项扣1分			
2	焊接操作	试件固定的空间位置符合要求	10	试件固定的空间位置超出规定范围不得分			
3	焊缝外观	焊缝表面不允许有焊瘤、气孔、夹渣	10	出现任何一种缺陷不得分			
		焊缝咬边深度≤0.5 mm，两侧咬边总长不超过焊缝有效长度的15%	10	焊缝咬边深度≤0.5 mm，累计长度每5 mm扣1分，累计长度超过焊缝有效长度的15%不得分；咬边深度>0.5 mm不得分			
		焊缝凹凸度≤1.5 mm	10	超标不得分			
		焊脚 $K = \delta +$（0～3）mm，焊脚差≤2 mm	10	每种超一处扣5分，扣完为止			

续表

序号	考核内容	考核要点	配分	评分标准	检测结果	扣分	得分
3	焊缝外观	焊缝成形美观，纹理均匀、细密，高低、宽窄一致	5	焊缝平整，焊纹不均匀扣2分；外观成形一般，焊缝平直，局部高低、宽窄不一致扣3分；焊缝弯曲，高低、宽窄明显不得分			
		两板之间夹角为90°±2°	5	超差不得分			
4	宏观金相	根部熔深≥0.5 mm	10	根部熔深<0.5 mm不得分			
		气孔或夹渣最大尺寸≤1.5 mm	10	尺寸≤1.5 mm，每处扣3分；尺寸>1.5 mm不得分			
		无裂纹	10	发现裂纹扣10分			
5	其他	安全文明生产	5	设备、工具复位，试件、场地清理干净，有一处不符合要求扣1分			
6	定额	操作时间		超时停止操作			
	合计		100				

否定项：1. 焊缝表面存在裂纹、未熔合及烧穿缺陷。2. 焊接操作时任意更改试件焊接位置。3. 焊缝原始表面被破坏。4. 焊接时间超出定额。

试题8　低碳钢V形坡口对接平位TIG焊

1. 材料要求

（1）试件材料、尺寸：20钢（Q235A）、300 mm×100 mm×6 mm两件，焊件及技术要求如图1—8所示。

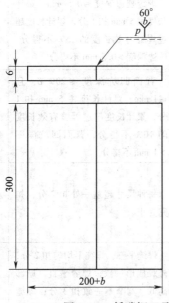

技术要求
1. 单面焊双面成形。
2. 钝边、间隙、反变形自定。

图1—8　低碳钢V形坡口对接平位焊试件图

（2）焊材与母材相匹配，建议选用 H08A，$\phi 2.5$ mm 焊丝，铈钨极，氩气纯度为 99.99%。

2. 考核要求

（1）焊前清理坡口，露出金属光泽，焊丝除锈。

（2）试件的空间位置符合平位焊要求。

（3）试件一经施焊不得任意改变焊接位置。

（4）焊缝表面清理干净，并保持焊缝原始状态。

（5）定位焊点在试件背面两端 20 mm 范围内。

（6）焊接操作时间为 45 min。

3. 评分标准

评分标准见表1—8。

表1—8 评分标准

序号	考核内容	考核要点	配分	评分标准	检测结果	扣分	得分
1	焊前准备	劳保着装及工具准备齐全，并符合要求，参数设置、设备调试正确	5	劳保着装不符合要求，参数设置、设备调试不正确有一项扣1分			
2	焊接操作	试件固定的空间位置符合要求	10	试件固定的空间位置超出规定范围不得分			
3	焊缝外观	焊缝表面不允许有焊瘤、气孔、夹渣	10	出现任何一种缺陷不得分			
		焊缝咬边深度≤0.5 mm，两侧咬边总长不超过焊缝有效长度的15%	8	焊缝咬边深度≤0.5 mm，累计长度每5 mm扣1分，累计长度超过焊缝有效长度的15%不得分；咬边深度>0.5 mm不得分			
		背面凹坑深度≤20%δ，且≤1 mm，累计长度不超过焊缝有效长度的10%	8	背面凹坑深度≤20%δ，且≤1 mm，累计长度每5 mm扣1分，累计长度超过焊缝有效长度的10%不得分；背面凹坑深度>1 mm不得分			
		焊缝余高为0~3 mm，余高差≤2 mm；焊缝宽度比坡口每侧增宽0.5~2.5 mm，宽度差≤3 mm	10	每种尺寸超差一处扣2分，扣完为止			
		焊缝成形美观，纹理均匀、细密，高低、宽窄一致	6	焊缝平整，焊纹不均匀扣2分；外观成形一般，焊缝平直，局部高低、宽窄不一致扣3分；焊缝弯曲、高低、宽窄明显不得分			

序号	考核内容	考核要点	配分	评分标准	检测结果	扣分	得分
3	焊缝外观	错边≤10%δ	5	超差不得分			
		焊后角变形≤3°	3	超差不得分			
4	内部质量	X射线探伤	30	Ⅰ级片不扣分，Ⅱ级片扣10分，Ⅲ级及以下不得分			
5	其他	安全文明生产	5	设备、工具复位，试件、场地清理干净，有一处不符合要求扣1分			
6	定额	操作时间		超时停止操作			
	合计		100				

否定项：1. 焊缝表面存在裂纹、未熔合及烧穿缺陷。2. 焊接操作时任意更改试件焊接位置。3. 焊缝原始表面被破坏。4. 焊接时间超出定额。

试题9 低碳钢小直径管水平转动 TIG 焊

1. 材料要求

（1）试件材料、尺寸：20 钢、ϕ60 mm×100 mm×5 mm 两件，焊件及技术要求如图 1—9 所示。

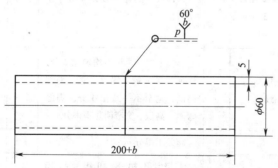

技术要求
1. 单面焊双面成形。
2. 钝边、间隙自定。

图 1—9 低碳钢小直径管水平转动焊试件图

（2）焊材与母材相匹配，建议选用 H08A，ϕ2.5 mm 焊丝，铈钨极，氩气纯度为 99.99%。

2. 考核要求

（1）焊前清理坡口，露出金属光泽，焊丝除锈。
（2）试件的空间位置符合水平转动焊要求。
（3）试件一经施焊不得任意改变焊接位置。
（4）焊缝表面清理干净，并保持焊缝原始状态。

（5）焊接操作时间为 45 min。

3．评分标准：

评分标准见表1—9。

表1—9 评分标准

序号	考核内容	考核要点	配分	评分标准	检测结果	扣分	得分
1	焊前准备	劳保着装及工具准备齐全，并符合要求，参数设置、设备调试正确	5	劳保着装不符合要求，参数设置、设备调试不正确有一项扣1分			
2	焊接操作	试件固定的空间位置符合要求	10	试件固定的空间位置超出规定范围不得分			
3	焊缝外观	焊缝表面不允许有焊瘤、气孔、夹渣	10	出现任何一种缺陷不得分			
		焊缝咬边深度≤0.5 mm，两侧咬边总长不超过焊缝有效长度的15%	10	焊缝咬边深度≤0.5 mm，累计长度每5 mm扣1分，累计长度超过焊缝有效长度的15%不得分；咬边深度＞0.5 mm不得分			
		用直径等于0.85倍管内径的钢球进行通球试验	10	通球不合格不得分			
		焊缝余高为0~3 mm，余高差≤2 mm；焊缝宽度比坡口每侧增宽0.5~2.5 mm，宽度差≤3 mm	10	每种尺寸超差一处扣2分，扣完为止			
		焊缝成形美观，纹理均匀、细密，高低、宽窄一致	6	焊缝平整，焊纹不均匀扣2分；外观成形一般，焊缝平直，局部高低、宽窄不一致扣4分；焊缝弯曲，高低、宽窄明显不得分			
		焊后角变形≤3°	4	超差不得分			
4	内部质量	X射线探伤	30	Ⅰ级片不扣分，Ⅱ级片扣10分，Ⅲ级及以下不得分			
5	其他	安全文明生产	5	设备、工具复位，试件、场地清理干净，有一处不符合要求扣1分			
6	定额	操作时间		超时停止操作			
	合计		100				

否定项：1．焊缝表面存在裂纹、未熔合及烧穿缺陷。2．焊接操作时任意更改试件焊接位置。3．焊缝原始表面被破坏。4．焊接时间超出定额。

试题 10　低碳钢 I 形坡口对接平位双面埋弧焊

1. 材料要求

（1）试件材料、尺寸：Q235、600 mm×200 mm×12 mm 两件，焊件及技术要求如图 1—10 所示。

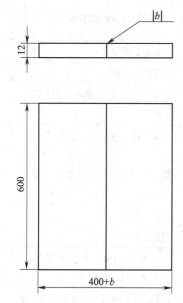

技术要求

1. 双面两道焊。
2. 间隙、反变形自定。
3. 反面碳弧气刨清根后焊接。

图 1—10　低碳钢 I 形坡口对接平位双面焊试件图

（2）焊材与母材相匹配，建议选用 H08A、ϕ4 mm 焊丝，HJ431 焊剂。

2. 考核要求

（1）焊剂必须按要求规定烘干，焊丝除锈。

（2）焊前清理坡口，露出金属光泽。

（3）试件的空间位置符合平位焊要求。

（4）试件一经施焊不得任意改变焊接位置。

（5）焊缝表面清理干净，并保持焊缝原始状态。

（6）焊接操作时间为 30 min。

3. 评分标准

评分标准见表 1—10。

表 1—10　　　　　　　　　　　　　评分标准

序号	考核内容	考核要点	配分	评分标准	检测结果	扣分	得分
1	焊前准备	劳保着装及工具准备齐全，并符合要求，参数设置、设备调试正确	5	劳保着装不符合要求，参数设置、设备调试不正确有一项扣 1 分			

序号	考核内容	考核要点	配分	评分标准	检测结果	扣分	得分
2	焊接操作	试件固定的空间位置符合要求	10	试件固定的空间位置超出规定范围不得分			
3	焊缝外观	焊缝表面不允许有焊瘤、气孔、夹渣	10	出现任何一种缺陷不得分			
		焊缝无咬边	8	出现咬边不得分			
		焊缝正面和反面无凹坑	8	出现凹坑不得分			
		焊缝余高为 0～3 mm，余高差≤2 mm；宽度差≤2 mm	10	每种尺寸超差一处扣2分，扣完为止			
		焊缝成形美观，纹理均匀、细密，高低、宽窄一致	6	焊缝平整，焊纹不均匀扣2分；外观成形一般，焊缝平直，局部高低、宽窄不一致扣3分；焊缝弯曲，高低、宽窄明显不得分			
		错边≤10%δ	5	超差不得分			
		焊后角变形≤3°	3	超差不得分			
4	内部质量	X射线探伤	30	Ⅰ级片不扣分，Ⅱ级片扣10分，Ⅲ级及以下不得分			
5	其他	安全文明生产	5	设备、工具复位，试件、场地清理干净，有一处不符合要求扣1分			
6	定额	操作时间		超时停止操作			
	合计		100				

否定项：1. 焊缝表面存在裂纹、未熔合及烧穿缺陷。2. 焊接操作时任意更改试件焊接位置。3. 焊缝原始表面被破坏。4. 焊接时间超出定额。

试题 11　低碳钢小直径管水平转动气焊

1. 材料要求

（1）试件材料、尺寸：20 钢、ϕ57 mm×100 mm×5 mm 两件，焊件及技术要求如图 1—11 所示。

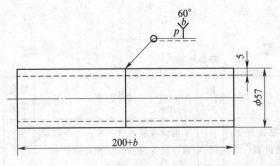

技术要求
1. 单面焊双面成形。
2. 钝边、间隙自定。

图 1—11　低碳钢小直径管水平转动焊试件图

（2）焊材与母材相匹配，建议选用 H08A、φ2.5 mm 焊丝。

2. 考核要求

（1）焊前清理坡口，露出金属光泽，焊丝除锈。

（2）试件的空间位置符合水平转动焊要求。

（3）试件一经施焊不得任意改变焊接位置。

（4）焊缝表面清理干净，并保持焊缝原始状态。

（5）焊接操作时间为 45 min。

3. 评分标准

评分标准见表 1—11。

表 1—11 评分标准

序号	考核内容	考核要点	配分	评分标准	检测结果	扣分	得分
1	焊前准备	劳保着装及工具准备齐全，并符合要求，参数设置、设备调试正确	5	劳保着装不符合要求，参数设置、设备调试不正确有一项扣1分			
2	焊接操作	试件固定的空间位置符合要求	10	试件固定的空间位置超出规定范围不得分			
3	焊缝外观	焊缝表面不允许有焊瘤、气孔、夹渣	10	出现任何一种缺陷不得分			
		焊缝咬边深度≤0.5 mm，两侧咬边总长不超过焊缝有效长度的15%	10	焊缝咬边深度≤0.5 mm，累计长度每5 mm扣1分，累计长度超过焊缝有效长度的15%不得分；咬边深度>0.5 mm不得分			
		用直径等于0.85倍管内径的钢球进行通球试验	10	通球不合格不得分			
		焊缝余高为0~3 mm，余高差≤2 mm；焊缝宽度比坡口每侧增宽0.5~2.5 mm，宽度差≤3 mm	10	每种尺寸超差一处扣2分，扣完为止			
		焊缝成形美观，纹理均匀、细密，高低、宽窄一致	6	焊缝平整，焊纹不均匀扣2分；外观成形一般，焊缝平直，局部高低、宽窄不一致扣4分；焊缝弯曲，高低、宽窄明显不得分			
		焊后角变形≤3°	4	超差不得分			

续表

序号	考核内容	考核要点	配分	评分标准	检测结果	扣分	得分
4	内部质量	X射线探伤	30	Ⅰ级片不扣分，Ⅱ级片扣10分，Ⅲ级及以下不得分			
5	其他	安全文明生产	5	设备、工具复位，试件、场地清理干净，有一处不符合要求扣1分			
6	定额	操作时间		超时停止操作			
	合计		100				

否定项：1. 焊缝表面存在裂纹、未熔合及烧穿缺陷。2. 焊接操作时任意更改试件焊接位置。3. 焊缝原始表面被破坏。4. 焊接时间超出定额。

试题12 低碳钢小直径管垂直固定气焊

1. 材料要求

（1）试件材料、尺寸：20钢、φ51 mm×100 mm×3.5 mm两件，焊件及技术要求如图1—12所示。

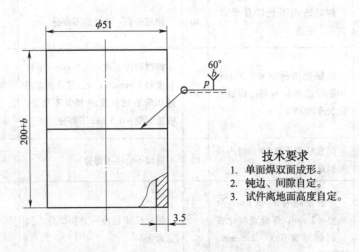

技术要求
1. 单面焊双面成形。
2. 钝边、间隙自定。
3. 试件离地面高度自定。

图1—12 低碳钢小直径管垂直固定焊试件图

（2）焊材与母材相匹配，建议选用H08A、φ2.5 mm的焊丝。

2. 考核要求

（1）焊前清理坡口，露出金属光泽，焊丝除锈。

（2）试件的空间位置符合垂直固定焊要求。

（3）试件一经施焊不得任意改变焊接位置。

（4）焊缝表面清理干净，并保持焊缝原始状态。

（5）焊接操作时间为 30 min。

3．评分标准

评分标准见表 1—12。

表 1—12　　　　　　　　　　　　评分标准

序号	考核内容	考核要点	配分	评分标准	检测结果	扣分	得分
1	焊前准备	劳保着装及工具准备齐全，并符合要求，参数设置、设备调试正确	5	劳保着装不符合要求，参数设置、设备调试不正确有一项扣1分			
2	焊接操作	试件固定的空间位置符合要求	10	试件固定的空间位置超出规定范围不得分			
3	焊缝外观	焊缝表面不允许有焊瘤、气孔、夹渣	10	出现任何一种缺陷不得分			
		焊缝咬边深度≤0.5 mm，两侧咬边总长不超过焊缝有效长度的15%	10	焊缝咬边深度≤0.5 mm，累计长度每5 mm扣1分，累计长度超过焊缝有效长度的15%不得分；咬边深度>0.5 mm不得分			
		用直径等于0.85倍管内径的钢球进行通球试验	10	通球不合格不得分			
		焊缝余高为0~3 mm，余高差≤2 mm；焊缝宽度比坡口每侧增宽0.5~2.5 mm，宽度差≤3 mm	10	每种尺寸超差一处扣2分，扣完为止			
		焊缝成形美观，纹理均匀、细密，高低、宽窄一致	6	焊缝平整，焊纹不均匀扣2分；外观成形一般，焊缝平直、局部高低、宽窄不一致扣4分；焊缝弯曲，高低、宽窄明显不得分			
		焊后角变形≤3°	4	超差不得分			
4	内部质量	X射线探伤	30	Ⅰ级片不扣分，Ⅱ级片扣10分，Ⅲ级及以下不得分			
5	其他	安全文明生产	5	设备、工具复位，试件、场地清理干净，有一处不符合要求扣1分			
6	定额	操作时间		超时停止操作			
	合计		100				

否定项：1．焊缝表面存在裂纹、未熔合及烧穿缺陷。2．焊接操作时任意更改试件焊接位置。3．焊缝原始表面被破坏。4．焊接时间超出定额。

试题 13　低碳钢板手工气割

1. 材料要求

试件材料、尺寸：Q235、500 mm × 260 mm × 12 mm 一件，割件及技术要求如图 1—13 所示。

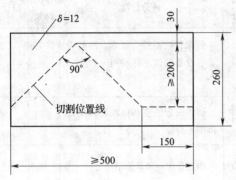

技术要求
1. 手工气割，一次割透。
2. 割炬自选，参数自定。
3. 气割中允许人或试件移动一次。

图 1—13　低碳钢板割件图

2. 考核要求

（1）割前将待割处的油污、铁锈清理干净。

（2）切口位置准确，切割尺寸符合要求。

（4）割口垂直，不偏斜，无明显挂渣、塌角，割纹均匀。

（5）气割结束后，气割表面要清理干净，并保持切口原始状态。

（6）气割操作时间为 30 min。

3. 评分标准

评分标准见表 1—13。

表 1—13　　　　　　　　　　评分标准

序号	考核内容	考核要点	配分	评分标准	检测结果	扣分	得分
1	割前准备	劳保着装及工具准备齐全，并符合要求，参数设置、设备调试正确	5	劳保着装不符合要求，参数设置、设备调试不正确有 1 项扣 1 分			
2	气割操作	气割操作规范，参数正确	10	根据情况酌情扣分			
3	气割质量	要求 1 次割透	15	每增加 1 次扣 5 分，扣完为止			
		割面垂直度误差≤2 mm	10	超差不得分			
		割面直线度误差≤2 mm	10	大于 2 mm 扣 5 分，大于 3 mm 不得分			
		割面平面度误差≤1 mm	10	超差不得分			
		塌边熔化宽度≤1.5 mm	5	大于 1.5 mm 不得分			
		表面粗糙度 $Ra \leq 0.5\ \mu m$	5	超差不得分			

续表

序号	考核内容	考核要点	配分	评分标准	检测结果	扣分	得分
3	气割质量	挂渣	5	挂渣难清除扣3分，留有残渣全扣			
		尺寸（150±2）mm，角度 90°±2°	20	尺寸偏差每超过1 mm扣5分，角度超差不得分			
4	其他	安全文明生产	5	设备、工具复位，试件、场地清理干净，有一处不符合要求扣1分			
5	定额	操作时间		超时停止操作			
	合计		100				

否定项：1. 火焰烧毁割嘴。2. 切口原始表面被破坏。3. 割透次数超过3次。

试题 14　低碳钢板搭接手工火焰钎焊

1. 材料要求

（1）试件材料、尺寸：Q235、100 mm×30 mm×4 mm两件，焊件及技术要求如图1—14所示。

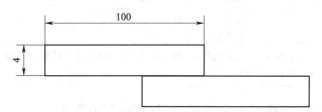

技术要求
1. 手工氧—乙炔火焰钎焊。
2. 焊炬自选，参数自定。
3. 钎缝连续、光滑，圆角均匀过渡。

图1—14　低碳钢板搭接火焰钎焊试件图

（2）焊材与母材相匹配，建议选用B–Cu54Zn、ϕ2 mm钎料；钎剂QJ102。

2. 考核要求

（1）焊前清理待焊部位油污、铁锈，露出金属光泽。

（2）试件的空间位置符合钎焊要求。

（3）试件一经施焊不得任意改变焊接位置。

（4）焊缝表面清理干净，并保持焊缝原始状态。

（5）焊接操作时间为30 min。

3. 评分标准

评分标准见表1—14。

表1—14   评分标准

序号	考核内容	考核要点	配分	评分标准	检测结果	扣分	得分
1	焊前准备	劳保着装及工具准备齐全，并符合要求，参数设置、设备调试正确	5	劳保着装不符合要求，参数设置、设备调试不正确有一项扣1分			
2	钎焊操作	钎焊操作规范，参数正确	20	酌情扣分			
3	焊缝外观	钎缝表面气孔、针孔、腐蚀斑点、夹渣	20	每种出现一个扣2分，扣完为止			
		钎缝表面节瘤	15	出现一个扣3分，扣完为止			
		母材表面熔蚀	15	熔蚀深度≤10%，长2m扣1分；深度>10%不得分			
		钎缝成形美观、连续光滑，钎缝圆角呈凹陷圆弧均匀过渡	20	外观成形好得18~20分；外观成形较好得14~17分；外观成形一般得9~12分；外观成形较差得0~6分			
4	其他	安全文明生产	5	设备、工具复位，试件、场地清理干净，有一处不符合要求扣1分			
5	定额	操作时间		超时停止操作			
	合计		100				

否定项：1. 钎缝表面存在裂纹、穿透性气孔及未钎满缺陷。2. 焊接操作时任意更改试件焊接位置。3. 钎缝原始表面被破坏。4. 焊接时间超出定额。

试题15 低碳钢或低合金钢搭接平位焊条电弧焊

1. 材料要求

（1）试件材料、尺寸：Q235 或 Q345（Q345R）、300 mm×150 mm×12 mm 两件，焊件及技术要求如图1—15所示。

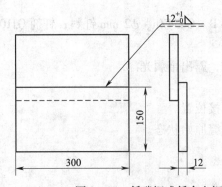

技术要求
1. 根部要具有一定的熔深。
2. 试件矫平，组对严密。
3. 试件离地面高度自定。

图1—15 低碳钢或低合金钢搭接平位焊试件图

（2）焊材与母材相匹配，建议选用 E4003（E4315）或 E5015，ϕ3.2 mm、ϕ4 mm 焊条。

2．考核要求

（1）焊条必须按要求规定烘干，随用随取。

（2）焊前清理待焊部位，露出金属光泽。

（3）试件的空间位置符合平位焊要求。

（4）试件一经施焊不得任意改变焊接位置。

（5）焊缝表面清理干净，并保持焊缝原始状态。

（6）焊接操作时间为 45 min。

3．评分标准

评分标准见表1—15。

表1—15　　　　　　　　　　　　　评分标准

序号	考核内容	考核要点	配分	评分标准	检测结果	扣分	得分
1	焊前准备	劳保着装及工具准备齐全，并符合要求，参数设置、设备调试正确	5	劳保着装不符合要求，参数设置、设备调试不正确有一项扣1分			
2	焊接操作	试件固定的空间位置符合要求	10	试件固定的空间位置超出规定范围不得分			
3	焊缝外观	焊缝表面不允许有焊瘤、气孔、夹渣	10	出现任何一种缺陷不得分			
		焊缝咬边深度≤0.5 mm，两侧咬边总长不超过焊缝有效长度的15%	10	焊缝咬边深度≤0.5 mm，累计长度每5 mm扣1分，累计长度超过焊缝有效长度的15%不得分；咬边深度>0.5 mm不得分			
		焊缝凹凸度≤1.5 mm	10	超标不得分			
		焊脚 $K=12+$（0~1）mm，焊脚差≤2 mm	10	每种超一处扣5分，扣完为止			
		焊缝成形美观，纹理均匀、细密，高低、宽窄一致	5	焊缝平整，焊纹不均匀扣2分；外观成形一般，焊缝平直，局部高低、宽窄不一致扣3分；焊缝弯曲，高低、宽窄明显不得分			
		两板之间夹角为90°±2°	5	超差不得分			

续表

序号	考核内容	考核要点	配分	评分标准	检测结果	扣分	得分
4	宏观金相	根部熔深≥0.5 mm	10	根部熔深＜0.5 mm 不得分			
		气孔或夹渣最大尺寸≤1.5 mm	10	尺寸≤1.5 mm，每处扣3分；尺寸＞1.5 mm 不得分			
		无裂纹	10	发现裂纹扣10分			
5	其他	安全文明生产	5	设备、工具复位，试件、场地清理干净，有一处不符合要求扣1分			
6	定额	操作时间		超时停止操作			
	合计		100				

否定项：1. 焊缝表面存在裂纹、未熔合及烧穿缺陷。2. 焊接操作时任意更改试件焊接位置。3. 焊缝原始表面被破坏。4. 焊接时间超出定额。

试题16 低碳钢或低合金钢角接平位焊条电弧焊

1. 材料要求

（1）试件材料、尺寸：Q235 或 Q345（Q345R）、300 mm×150 mm×12 mm 两件，焊件及技术要求如图1—16所示。

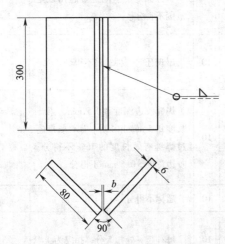

技术要求
1. 根部要具有一定的熔深。
2. 试件矫平，组对严密。
3. 试件离地面高度自定。

图1—16 低碳钢或低合金钢角接平位焊试件图

（2）焊材与母材相匹配，建议选用 E4003（E4315）或 E5015，ϕ3.2 mm、ϕ4 mm 的焊条。

2. 考核要求

（1）焊条必须按要求规定烘干，随用随取。

（2）焊前清理待焊部位，露出金属光泽。

（3）试件的空间位置符合平位焊要求。

（4）试件一经施焊不得任意改变焊接位置。

（5）焊缝表面清理干净，并保持焊缝原始状态。

（6）焊接操作时间为 45 min。

3．评分标准

评分标准见表 1—16。

表 1—16　　　　　　　　　　　　　　评分标准

序号	考核内容	考核要点	配分	评分标准	检测结果	扣分	得分
1	焊前准备	劳保着装及工具准备齐全，并符合要求，参数设置、设备调试正确	5	劳保着装不符合要求，参数设置、设备调试不正确有一项扣 1 分			
2	焊接操作	试件固定的空间位置符合要求	10	试件固定的空间位置超出规定范围不得分			
3	焊缝外观	焊缝表面不允许有焊瘤、气孔、夹渣	10	出现任何一种缺陷不得分			
		焊缝咬边深度≤0.5 mm，两侧咬边总长不超过焊缝有效长度的 15%	10	焊缝咬边深度≤0.5 mm，累计长度每 5 mm 扣 1 分，累计长度超过焊缝有效长度的 15% 不得分；咬边深度 >0.5 mm 不得分			
		焊缝凹凸度≤1.5 mm	10	超标不得分			
		焊脚 $K = 6 + （0 \sim 3）$ mm，焊脚差≤2 mm	10	每种超一处扣 5 分，扣完为止			
		焊缝成形美观，纹理均匀、细密，高低、宽窄一致	5	焊缝平整，焊纹不均匀扣 2 分；外观成形一般，焊缝平直，局部高低、宽窄不一致扣 3 分；焊缝弯曲，高低、宽窄明显不得分			
		两板之间夹角为 90°±2°	5	超差不得分			
4	宏观金相	根部熔深≥0.5 mm	10	根部熔深 <0.5 mm 不得分			
		气孔或夹渣最大尺寸≤1.5 mm	10	尺寸≤1.5 mm，每处扣 3 分；尺寸 >1.5 mm 不得分			
		无裂纹	10	发现裂纹扣 10 分			
5	其他	安全文明生产	5	设备、工具复位，试件、场地清理干净，有一处不符合要求扣 1 分			
6	定额	操作时间		超时停止操作			
	合计		100				

否定项：1．焊缝表面存在裂纹、未熔合及烧穿缺陷。2．焊接操作时任意更改试件焊接位置。3．焊缝原始表面被破坏。4．焊接时间超出定额。

试题 17　不锈钢板 V 形坡口对接平位 TIG 焊

1. 材料要求

（1）试件材料、尺寸：06Cr19Ni10（0Cr18Ni9）、300 mm × 100 mm × 5 mm 两件，焊件及技术要求如图 1—17 所示。

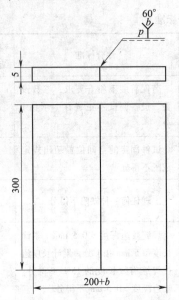

技术要求

1. 单面焊双面成形。
2. 钝边、间隙、反变形自定。
3. 试件离地面高度自定。

图 1—17　不锈钢板 V 形坡口对接平位焊试件图

（2）焊材与母材相匹配，建议选用 H06Cr21Ni10、ϕ2.5 mm 焊丝，铈钨极、ϕ2.5 mm，氩气纯度 99.99%。

2. 考核要求

（1）焊前清理坡口，露出金属光泽，焊丝除锈。

（2）试件的空间位置符合平焊要求。

（3）试件一经施焊不得任意改变焊接位置。

（4）焊缝表面清理干净，并保持焊缝原始状态。

（5）定位焊在试件背面两端 20 mm 范围内。

（6）焊接操作时间为 45 min。

3. 评分标准

评分标准见表 1—17。

表 1—17　　　　　　　　　　　　评分标准

序号	考核内容	考核要点	配分	评分标准	检测结果	扣分	得分
1	焊前准备	劳保着装及工具准备齐全，并符合要求，参数设置、设备调试正确	5	劳保着装不符合要求，参数设置、设备调试不正确有一项扣1分			

序号	考核内容	考核要点	配分	评分标准	检测结果	扣分	得分
2	焊接操作	试件固定的空间位置符合要求	10	试件固定的空间位置超出规定范围不得分			
3	焊缝外观	焊缝表面不允许有焊瘤、气孔、夹渣	10	出现任何一种缺陷不得分			
		焊缝咬边深度≤0.5 mm，两侧咬边总长不超过焊缝有效长度的15%	8	焊缝咬边深度≤0.5 mm，累计长度每5 mm扣1分，累计长度超过焊缝有效长度的15%不得分；咬边深度>0.5 mm不得分			
		背面凹坑深度≤20%δ，且≤1 mm，累计长度不超过焊缝有效长度的10%	8	背面凹坑深度≤20%δ，且≤1 mm，累计长度每5 mm扣1分，累计长度超过焊缝有效长度的10%不得分；背面凹坑深度>1 mm不得分。			
		焊缝余高0~3 mm，余高差≤2 mm；焊缝宽度比坡口每侧增宽0.5~2.5 mm，宽度差≤3 mm	10	每种尺寸超差一处扣2分，扣完为止			
		焊缝成形美观，纹理均匀、细密，高低宽窄一致	6	焊缝平整，焊纹不均匀，扣2分；外观成形一般，焊缝平直，局部高低、宽窄不一致扣3分；焊缝弯曲，高低宽窄明显不得分			
		错边≤10%δ	5	超差不得分			
		焊后角变形≤3°	3	超差不得分			
4	内部质量	X射线探伤	30	Ⅰ级片不扣分，Ⅱ级片扣10分，Ⅲ级及以下不得分			
5	其他	安全文明生产	5	设备、工具复位，试件、场地清理干净，有一处不符合要求扣1分			
6	定额	操作时间		超时停止操作			
	合计		100				

否定项：1. 焊缝表面存在裂纹、未熔合及烧穿缺陷。2. 焊接操作时任意更改试件焊接位置。3. 焊缝原始表面被破坏。4. 焊接时间超出定额。

第 2 部分

中级焊工

中级焊工理论知识练习题

一、填空题（把正确的答案填在横线空白处）

1. 纯金属由液态转变为固态总是在_____下进行的，而合金的结晶是在_____进行的。

2. Fe—Fe$_3$C 相图是表示在_____条件下，_____的成分、_____与_____，或_____之间关系的图形。

3. Fe—Fe$_3$C 相图的 ACD 线为_____线；此线以上区域全部是_____，在 AC 线以下结晶出_____，在 CD 线以下结晶出_____。

4. _____线为冷却时奥氏体析出铁素体的开始线，也是加热时铁素体转变为奥氏体的终了线，常用符号_____表示。

5. Fe—Fe$_3$C 相图的 ECF 线为_____线，在这条线上发生_____。

6. Fe—Fe$_3$C 相图中的 PSK 线为_____线，在这条线上发生_____。

7. 影响奥氏体形成的因素有_____、_____和_____等。

8. 在热处理生产中，常用的冷却方式有_____和_____两种。

9. 亚共析钢的 C 曲线，随碳的质量分数的增加向____移，过共析钢的 C 曲线随碳的质量分数增加向____移。

10. 钢的临界冷却速度是表示_____。

11. Fe—Fe$_3$C 相图中的 C 点是_____点，温度是_____℃，碳的质量分数是_____%。

12. Fe—Fe$_3$C 相图中的 S 点是_____点，温度是_____℃，碳的质量分数是_____%。

13. Fe—Fe$_3$C 相图中的 E 点的含义是_____。

14. Fe—Fe$_3$C 相图中的 D 点的含义是_____。

15. 钢热处理时，临界点温度 Ac_1、Ac_3、Ac_{cm}_____A_1、A_3、A_{cm}，Ar_1、Ar_3、Ar_{cm}_____A_1、A_3、A_{cm}。

16. 碳的质量分数为_____的铁碳合金称为钢，碳的质量分数为_____的铁碳合金称为白口铸铁。

17. 熔滴通过电弧空间向熔池转移的过程叫_____。

18. 电动势是衡量电源_____本领的物理量；它的方向规定为：在电源内部由____极指向____极；它的单位是_____。

19. 全电路中，电流大小与_____成正比，与_____成反比。

20. 焦耳—楞次定律指出：电流通过一段导体时所产生的热量与_____的二次方成正比；与_____成正比；与通过电流的_____成正比。

21．如果电路闭合又含有电源，则称为＿＿＿＿＿＿＿。

22．＿＿＿＿＿＿与零电位的选择无关，＿＿＿＿＿＿随零电位点的选择不同而不同。

23．电流通过导体时，使导体发热的现象称为＿＿＿＿＿＿＿。

24．平焊时促进熔滴过渡的作用力有＿＿＿＿＿＿、＿＿＿＿＿＿和＿＿＿＿＿＿。

25．仰焊时促进熔滴过渡的作用力有＿＿＿＿＿＿、＿＿＿＿＿＿和＿＿＿＿＿＿。

26．电路中任一闭合路径称为＿＿＿＿＿＿。

27．对于一个电源来说，既有电动势又有电压，电动势只存在于电源＿＿＿＿＿＿，电压存在于电源的＿＿＿＿＿＿，电源不接负载时，电压＿＿＿＿＿＿电动势，二者方向＿＿＿＿＿＿。

28．磁路欧姆定律为：＿＿＿＿＿＿＿＿＿＿＿＿＿＿＿＿。

29．电磁铁一般由＿＿＿＿＿＿、＿＿＿＿＿＿和＿＿＿＿＿＿三部分组成。

30．磁感应强度 B 与介质磁导率 μ 的比值称为＿＿＿＿＿＿＿。

31．＿＿＿＿＿＿＿＿＿＿＿＿＿＿＿＿的过程叫气体电离。

32．气体粒子受热的作用而产生的电离称为＿＿＿＿＿＿。温度越高，热电离作用越＿＿＿＿＿＿。

33．电离的方式有＿＿＿＿＿＿、＿＿＿＿＿＿和＿＿＿＿＿＿等。

34．中性粒子在光辐射的作用下产生的电离称为＿＿＿＿＿＿＿。

35．阴极的金属表面连续地向外发射出电子的现象，称为＿＿＿＿＿＿＿。

36．电弧的产生和维持的必要条件是＿＿＿＿＿＿。

37．根据吸收能量的不同，阴极电子发射可分为＿＿＿＿＿＿、＿＿＿＿＿＿和＿＿＿＿＿＿三种形式。

38．熔化极电弧焊时，焊丝具有两个作用，一方面＿＿＿＿＿＿，另一方面＿＿＿＿＿＿。

39．焊接时加热并熔化焊丝的热量有＿＿＿＿＿＿、＿＿＿＿＿＿、＿＿＿＿＿＿等。

40．从导电的接触点到焊丝末端的长度称为＿＿＿＿＿＿＿。

41．电弧焊时，在焊丝端部形成的向熔池过渡的液态金属滴叫＿＿＿＿＿＿。

42．电弧焊时，熔滴上的力有＿＿＿＿＿＿、＿＿＿＿＿＿、＿＿＿＿＿＿和＿＿＿＿＿＿等。

43．熔滴过渡时，表面张力的大小与＿＿＿＿＿＿、＿＿＿＿＿＿、＿＿＿＿＿＿和＿＿＿＿＿＿等有关。

44．熔滴过渡形态有＿＿＿＿＿＿、＿＿＿＿＿＿和＿＿＿＿＿＿三种。

45．焊缝中硫的主要来源是＿＿＿＿＿＿、＿＿＿＿＿＿、＿＿＿＿＿＿等。所以，降低焊缝含硫量的关键措施是＿＿＿＿＿＿。

46．碱性渣的脱硫能力比酸性渣＿＿＿＿＿＿。

47．磷通常是以＿＿＿＿＿＿形式存在焊缝中。

48．熔池的一次结晶包括＿＿＿＿＿＿和＿＿＿＿＿＿两个过程。

49．宽而浅的焊缝，杂质聚集在焊缝＿＿＿＿＿＿，具有＿＿＿＿＿＿能力。

50．熔焊时，由焊接能源输入给单位长度焊缝上的能量叫＿＿＿＿＿＿。

51. 焊接热输人增大时，热影响区宽度_____，加热到高温的区域_____，在高温的停留时间_____，同时冷却速度_____。

52. 不易淬火钢的热影响区可分为_____、_____、_____和_____四个小区。

53. CO_2 气体保护焊，氮气孔产生的原因是_____或_____。

54. 双丝埋弧焊按焊丝排列方式有_____、_____和_____三种。

55. CO_2 半自动气体保护焊的送丝方式有_____、_____和_____三种；目前，多采用_____式焊枪。

56. CO_2 气体保护焊的供气装置由_____、_____、_____和_____等组成。

57. CO_2 气体保护焊的焊接设备包括_____、_____、_____和_____等。

58. CO_2 气体保护焊使用的焊丝直径可分为_____和_____两种。

59. CO_2 气体保护焊的熔滴过渡形式有_____和_____两种。

60. CO_2 气体保护焊时可能产生三种气孔，即_____、_____和_____。

61. 使用熔化电极的氩弧焊叫_____。

62. 熔化极氩弧焊的焊接设备有_____、_____、_____和_____。

63. 粗丝熔化极氩弧焊电源应配合_____送丝系统。

64. 熔化极氩弧焊的送丝方式有_____、_____和_____三种。

65. 熔化极氩弧焊时，引弧以前应_____保护气体，焊接停止时_____保护气体。

66. 熔化极氩弧焊的送丝控制包括_____、_____和_____等内容。

67. 一般等离子弧切割的工作气体是_____、_____和_____以及它们的混合气体。

68. 空气等离子弧切割的工作气体是_____。

69. 采用非转移弧，既可用于_____切割，又可用于_____切割。

70. 双弧的产生是由于_____造成的。

71. 等离子弧切割电源要求具有_____降外特性的直流电源，并且空载电压在_____ V 之间。

72. 等离子弧切割的电极材料一般采用_____极，空气等离子弧切割一般采用_____电极。

73. 根据电源的接法和产生等离子弧的形式不同，等离子弧可分为_____、_____和_____三种形式。

74. 等离子弧产生的方法有_____、_____和_____三种形式。

75. 等离子弧切割的工艺参数有_____、_____、_____和

_____等。

76. 等离子弧切割，一般喷嘴距工件的距离为_____ mm 为佳，过大会降低_____，过小则_____。

77. 电渣焊电极材料的作用是_____和_____；以保证焊缝的_____和_____。

78. 熔嘴电渣焊是用_____联合组成电极的。

79. 熔嘴电渣焊熔嘴的作用是_____、_____和_____等。

80. 激光切割是利用聚集后的_____作为热源的热切割方法。

81. 电渣焊焊机主要由_____、_____、_____和_____等组成。

82. 当碳当量为_____时，钢材的焊接性优良，淬硬倾向_____，焊接时不必_____；碳当量为_____时，钢材的_____倾向逐渐明显，需要采取适当_____，控制_____等工艺措施；碳当量为_____时，_____倾向更强，需采取较高的_____和严格的_____。

83. 利用碳当量来评定钢材的焊接性，只是一种_____的方法，因为它没有考虑到_____、_____、_____等一系列因素对焊接性的影响。

84. 低合金钢焊后热处理的方式有_____、_____、_____等。

85. 高温下具有足够的强度和抗氧化性的钢叫_____。

86. 珠光体耐热钢的焊接工艺特点是_____、_____和_____。

87. 不锈钢按组织不同主要有_____、_____和_____等。

88. 与碳钢相比，18—8 型不锈钢具有_____、_____和_____等特点。

89. 不锈钢在静应力作用下在腐蚀性介质中发生的破坏叫_____。

90. _____是产生在晶粒之间的一种腐蚀。

91. 影响奥氏体不锈钢形成晶间腐蚀的因素有_____、_____和_____等。

92. 奥氏体不锈钢的焊缝在高温加热一段时间后，出现_____下降的现象，叫脆化。

93. _____现象，叫熔合线脆断。

94. 奥氏体不锈钢的焊后处理方法有_____和_____。

95. 不锈复合钢板是由较薄的_____和较厚的_____钢复合轧制而成的双金属板。

96. 不锈复合钢板装配时，必须以_____为基准对齐。

97. 不锈复合钢板装配时，定位焊一定要焊在_____面上，定位焊长度应控制在_____范围内。

98. 焊接灰铸铁时，产生的裂纹有_____和_____两种，其中尤以_____更为常见。

99. 球墨铸铁热焊法，应采用_____焊条。

100. 铜与铜合金焊接时的主要问题是_____、_____和_____等。

101. 铜与铜合金的焊接方法有_____、_____和_____等。

102. 铜与铜合金焊接时，产生气孔的类型有____造成的扩散气孔和____造成的反应气孔。

103. 铝及铝合金常用的焊接方法有_____、_____和_____等。

104. 纵向收缩变形即构件焊后在____方向发生的收缩。焊缝的纵向收缩变形量是随_____的增加而增加。

105. 构件焊后在_____方向发生的收缩叫横向收缩变形。

106. _____是由于横向收缩变形在焊缝厚度方向上分布不均匀引起的。

107. 角变形的大小以_____进行量度。

108. 波浪变形产生的原因是因为_____而造成的。

109. 产生错边变形的原因主要是_____或_____所造成。

110. 构件焊后两端绕中性轴相反方向扭转一角度叫_____。

111. 应力在构件中沿空间三个方向上发生的应力叫_____。

112. 焊件沿平行于焊缝方向上的应力和变形称为_____。

113. 在钢板边缘一侧很快地堆焊一道焊缝，则钢板中间受到_____，两侧受到_____，钢板产生_____变形。如果焊接加热时产生的压应力大于材料的屈服强度，冷却后，钢板中间产生_____，两侧产生_____。

114. 焊缝在钢板中间的纵向焊接应力使焊缝及其附近产生_____；钢板两侧产生_____。

115. 焊件在垂直于焊缝方向上的应力和变形叫做_____。

116. 对于不对称焊缝的结构，应先焊焊缝_____的一侧，后焊焊缝_____的一侧，可减小总体变形量。

117. 为了抵削焊接变形，焊前先将焊件向与焊接变形相反的方向进行人为的变形，这种方法叫_____。

118. 焊接时用_____的方法将焊接区的热量散走，从而达到减少变形的目的，这种方法叫_____。

119. 焊前对焊件采用外加刚性拘束，强制焊件在焊接时不能自由变形，这种防止变形的方法叫_____。

120. 散热法不适用于焊接_____的材料。

121. 焊接残余变形的矫正方法有_____和_____两种。

122. 火焰加热矫正法是利用_____产生的_____，使较长的金属在冷却后收缩，以达到矫正变形的目的。

123. 火焰加热矫正法的关键是，掌握_____的规律，以便确定正确的_____，同时应控制_____和_____。

124. 火焰加热方式有_____、_____和_____。

125. 火焰沿_____方向移动或者在_____方向作横向摆动，称为线状加热。

126. 线状加热多用于＿＿＿＿＿结构的矫正，有时也用于＿＿＿＿＿矫正。

127. 三角形加热法是加热区域为＿＿＿＿＿，其底边应在＿＿＿＿＿，顶端朝＿＿＿＿＿。

128. 三角形加热法常用于厚度较大，刚性较强构件＿＿＿＿＿变形的矫正。

129. 为减少焊接残余应力，焊接时，应先焊收缩量＿＿＿＿＿的焊缝，使焊缝能较自由地收缩。

130. 为减少焊接残余应力，焊接时，应先焊＿＿＿＿＿的短焊缝，后焊＿＿＿＿＿焊缝；先焊工作时受力＿＿＿＿＿的焊缝，使内应力合理分布。

131. 多层焊时，第一层焊缝不锤击是为了＿＿＿＿＿，最后一层焊缝不锤击是为了＿＿＿＿＿。

132. 焊前预热可以降低＿＿＿＿＿，减慢＿＿＿＿＿，从而减少焊接应力。

133. 拉伸试验是为了测定焊接接头或焊缝金属的＿＿＿＿＿、＿＿＿＿＿、＿＿＿＿＿和＿＿＿＿＿等力学性能指标。

134. 拉伸试样有＿＿＿＿＿、＿＿＿＿＿和＿＿＿＿＿三种。

135. 弯曲试验分＿＿＿＿＿、＿＿＿＿＿和＿＿＿＿＿三种

136. 背弯试验易于发现＿＿＿＿＿缺陷。

137. 侧弯试验能检验＿＿＿＿＿。

138. 硬度试验是为了测定焊接接头各部分的＿＿＿＿＿，以便了解＿＿＿＿＿和＿＿＿＿＿。

139. 冲击试验是用来测定＿＿＿＿＿的方法。

140. 疲劳试验目的是测定焊接接头或焊缝金属在对称交变载荷作用下的＿＿＿＿＿。

141. 金相检验是用来检查＿＿＿＿＿、＿＿＿＿＿及＿＿＿＿＿的金相组织情况，以及确定＿＿＿＿＿等。

142. 宏观金相检验是用＿＿＿＿＿或＿＿＿＿＿直接进行观察检查。

143. 宏观金相检验包括＿＿＿＿＿和＿＿＿＿＿分析。

144. 化学分析试验的试样应从＿＿＿＿＿或＿＿＿＿＿上取得。

145. 常用腐蚀试验的方法有＿＿＿＿＿、＿＿＿＿＿、＿＿＿＿＿和＿＿＿＿＿等。

146. 焊接接头力学性能试验包括＿＿＿＿＿、＿＿＿＿＿、＿＿＿＿＿和＿＿＿＿＿等。

147. 焊接接头破坏性检验方法包括＿＿＿＿＿、＿＿＿＿＿、＿＿＿＿＿和＿＿＿＿＿等。

148. 密封性检验是检查有无＿＿＿＿＿、＿＿＿＿＿和＿＿＿＿＿现象的试验。

149. 气密性检验是将＿＿＿＿＿压入焊接容器内，利用容器内外的＿＿＿＿＿检验泄漏的试验方法。

150. 气密性检验时，往往是在焊缝外表面涂＿＿＿＿＿进行。

151. 密封性检验包括＿＿＿＿＿和＿＿＿＿＿两种方法。

152. 耐压检验包括_____和_____两种检验方法。

153. 水压试验可用作对焊接容器进行_____和_____检验。

154. 外观检验是用肉眼或借助于样板、焊缝检验尺、量具或用低倍放大镜观察焊件，以发现焊缝_____缺陷的方法。

155. 水压试验时，当压力上升到工作压力时，应_____，若检查无漏水或异常现象，再升高到_____。

156. 气压试验是用于检验在压力下工作的焊接容器和管道的焊缝_____和_____。

157. 磁粉探伤适用于检验_____材料的表面和近表面缺陷。

158. 渗透探伤有_____和_____两种方法。

159. 渗透探伤是采用_____的渗透剂的渗透作用，显示缺陷痕迹的无损检验法。

160. 渗透探伤主要用来探测_____。

161. 超声波探伤是根据_____来识别缺陷的性质。

162. 射线探伤是采用_____射线照射焊接接头，检查内部缺陷的一种无损检测法。

163. 车床的种类主要有_____、_____、_____、_____、_____和_____等。

164. 铣削加工是以_____作主运动，_____作进给运动的切削加工方法。

165. 磨削加工是用_____以较高的线速度对工件表面进行加工的方法。

166. 刨削时，刨刀或工件的主运动是_____运动，进给运动是_____方向的间隙运动。

167. 刨床有_____和_____两类。

168. 低碳钢焊缝的常温组织是_____和_____。

169. 焊缝中的夹杂物主要有_____和_____两种。

170. 焊缝金属从熔池中高温的液态冷却至常温的固体状态经历了两次结晶的过程，它们是_____和_____。

171. 焊接中的偏析主要有_____、_____和_____三种。

172. 焊缝金属的脱氧主要有三个途径，即_____、_____和_____。

173. 硫在钢中主要以_____和_____形式存在，其中_____易与 Fe 或 FeO 形成_____，引起_____裂纹。

174. 脱硫的方法有_____和_____两种。

175. _____是气焊中碳钢的主要工艺措施。

176. 气焊高碳钢的主要问题是：焊缝区容易产生_____，近缝区极易形成_____。

177. 元素脱硫常用的脱硫元素是_____，熔渣脱硫的物质主要是_____、_____、_____。

178. CO_2 气体保护焊用 CO_2 气体的纯度不得低于＿＿＿＿＿＿。

179. 射吸式焊炬使用前应先检查焊炬的＿＿＿＿＿＿。

180. 若焊炬发生回火，首先应迅速关闭＿＿＿＿＿＿，再关＿＿＿＿＿＿。

181. 将定位后的零件固定，使其在加工过程中保持位置不变的过程叫＿＿＿＿＿。

182. 用于钢材分离的设备有＿＿＿＿＿＿、＿＿＿＿＿＿和＿＿＿＿＿＿等。

183. 用于钢材成形的设备有＿＿＿＿＿＿、＿＿＿＿＿＿、＿＿＿＿＿＿、＿＿＿＿＿＿和
＿＿＿＿＿＿等。

184. 装配中的测量包括正确合理地选择＿＿＿＿＿，准确而迅速地＿＿＿＿＿。测量
的项目通常有＿＿＿＿＿、＿＿＿＿＿、＿＿＿＿＿和＿＿＿＿＿等。

二、选择题（将其正确答案的代号填入括号中）

1. 碳的质量分数为 4.3% 的液态合金，在 1 148℃ 同时结晶出奥氏体和渗碳体组成
的混合物，称为（　　）。

　　A. 珠光体　　　　B. 铁素体　　　　C. 莱氏体　　　　D. 二次渗碳体

2. 低温回火得到的组织是（　　）。

　　A. 回火马氏体　　　　　　　　　B. 回火托氏体

　　C. 回火索氏体　　　　　　　　　D. 奥氏体

3. 高温回火得到的组织是（　　）。

　　A. 回火马氏体　　　　　　　　　B. 回火托氏体

　　C. 回火索氏体　　　　　　　　　D. 奥氏体

4. 消除网状渗碳体的方法是（　　）。

　　A. 球化退火　　　　B. 正火　　　　C. 回火　　　　D. 扩散退火

5. A_{cm}、Ac_{cm}、Ar_{cm} 三者之间的关系是（　　）

　　A. $A_{cm} > Ac_{cm} > Ar_{cm}$　　　　　　　B. $A_{cm} < Ac_{cm} < Ar_{cm}$

　　C. $Ac_{cm} < A_{cm} < Ar_{cm}$　　　　　　　D. $Ac_{cm} > A_{cm} > Ar_{cm}$

6. A_1、A_3 和 A_{cm} 三者的关系是（　　）。

　　A. $A_1 > A_3 > A_{cm}$　　　　　　　　B. $A_1 < A_{cm} < A_3$

　　C. $A_3 > A_1$；$A_{cm} > A_1$　　　　　　D. $A_{cm} > A_3 > A_1$

7. 在 4 min 内通过电阻为 4 Ω 的导体的电量为 960 C，则这 4 min 内导体产生的热
量为（　　）。

　　A. 15 360 J　　　B. 960 J　　　C. 3 840 J　　　D. 7 680 J

8. 某用户有 90 W 电冰箱一台、100 W 洗衣机一台、40 W 电视机一台、60 W 电灯
四盏。若所有电器同时使用，则他家应至少选用（　　）的电表。

　　A. 1 A　　　　B. 3 A　　　　C. 5 A　　　　D. 6 A

9. 一个内阻为 3 kΩ，量程为 3 V 的电压表，现要扩大它的量程为 18 V，则需要连
接的电阻为（　　）。

　　A. 21 kΩ　　　B. 18 kΩ　　　C. 15 kΩ　　　D. 6 kΩ

10. 磁阻与（　　）无关。

　　A. 磁路长度　　　　　　　　　　B. 媒介质的磁导率 μ

C．环境的温度和湿度　　　　　　　D．截面积

11．焊接过程中，熔化母材的热量主要是（　　）。

    A．电阻热　　　　B．物理热　　　　C．化学热　　　　D．电弧热

12．先期脱氧主要是脱去（　　）的氧。

    A．熔液　　　　　B．熔池　　　　　C．药皮

13．焊缝中的硫通常以（　　）形式存在于钢中。

    A．原子　　　　　B．FeS　　　　　C．SO_2　　　　　D．MnS

14．在一个晶粒内部和晶粒之间的化学成分是不均匀的，这种现象叫（　　）。

    A．显微偏析　　　　　　　　　　　B．区域偏析

    C．层状偏析　　　　　　　　　　　D．夹杂

15．（　　）决定金属结晶区间的大小。

    A．冷却速度　　　　　　　　　　　B．加热时间

    C．化学成分　　　　　　　　　　　D．冷却方式

16．（　　）的焊缝，极易形成热裂纹。

    A．窄而浅　　　　B．窄而深　　　　C．宽而浅　　　　D．宽而深

17．二次结晶的组织和性能与（　　）有关。

    A．冷却速度　　　　B．冷却方式　　　　C．冷却介质

18．不易淬火钢的（　　）区为热影响区中的薄弱区域。

    A．正火　　　　　B．过热　　　　　C．部分相变　　　　D．再结晶

19．（　　）区是不易淬火钢热影响区中综合性能最好的区域。

    A．过热　　　　　B．正火　　　　　C．部分相变　　　　D．再结晶

20．易淬火钢热影响区的组织分布与（　　）有关。

    A．化学成分　　　　　　　　　　　B．冷却速度

    C．焊接方法　　　　　　　　　　　D．母材焊前热处理状态

21．熔渣中同时具有脱硫、脱磷效果的成分是（　　）。

    A．MnO　　　　　B．CaO　　　　　C．FeO　　　　　D．CaF_2

22．CO_2 气体保护焊，最常出现的是（　　）气孔。

    A．氢　　　　　　B．一氧化碳　　　　C．氮　　　　　D．氧

23．CO_2 气体保护焊时若保护不良或 CO_2 气体不纯，会在焊缝中产生（　　）。

    A．氢气孔　　　　　　　　　　　　B．一氧化碳气孔

    C．氮气孔　　　　　　　　　　　　D．氧气

24．CO_2 气体保护焊的电弧静特性曲线是（　　）的。

    A．上升　　　　　B．缓降　　　　　C．平硬　　　　　D．陡降

25．CO_2 气体保护焊，采用（　　）的外特性电源，电弧的自身调节作用最好。

    A．上升　　　　　B．缓降　　　　　C．平硬　　　　　D．陡降

26．CO_2 半自动焊，（　　）送丝，增加了送丝距离和操作的灵活性，但焊枪和送丝机构较为复杂。

    A．拉丝式　　　　B．推丝式　　　　C．推拉式

27. 粗丝熔化极氩弧焊，电弧的静特性曲线是（　　　）。
　　A. 下降的　　　　B. 水平的　　　　C. 上升的　　　　D. L 形的

28. 粗丝熔化极氩弧焊，应选用具有（　　）特性的电源。
　　A. 上升　　　　B. 下降　　　　C. 平　　　　D. L 形

29. 等离子弧切割是将被切割件加热（　　　），并利用高速气流的机械冲刷力，将其吹走而形成狭窄切口的过程。
　　A. 熔化　　　　B. 燃烧　　　　C. 汽化

30. 空气等离子弧切割一般采用（　　）电极。
　　A. 钍钨　　　　B. 纯锆或铪　　　　C. 铈钨　　　　D. 纯钨

31. 等离子弧切割时，喷嘴距割件的距离一般为（　　）mm
　　A. 6 ~ 8　　　　B. 2 ~ 5　　　　C. 15 ~ 20

32. 空气等离子弧切割时，喷嘴距割件的距离一般为（　　）mm
　　A. 2 ~ 5　　　　B. 6 ~ 8　　　　C. 15 ~ 20

33. 激光切割主要用于（　　）厚度的板材和管材的切割。
　　A. 极薄　　　　B. 中小　　　　C. 大

34. 中厚板金属材料的等离子弧切割，采用（　　）等离子弧。
　　A. 转移型　　　　B. 非转移型　　　　C. 联合型　　　　D. 直接型

35. 产生等离子弧受到的压缩效用有（　　）种。
　　A. 1　　　　B. 2　　　　C. 3　　　　D. 4

36. 电渣焊的坡口形式是（　　　）。
　　A. I 形　　　　B. U 形　　　　C. K 形　　　　D. V 形

37. 等离子弧切割时，如果采用（　　　）弧，可以切割非金属材料及混凝土、耐火砖等。
　　A. 转移型　　　　B. 非转移型　　　　C. 联合型　　　　D. 双

38. 等离子弧切割要求具有（　　　）外特性的（　　　）电源。
　　A. 陡降；直流　　　　　　　　B. 陡降；交流
　　C. 上升；直流　　　　　　　　D. 缓降；交流

39. 等离子弧切割以（　　　）气体切割效果最佳。
　　A. N_2　　　　B. $Ar + H_2$　　　　C. Ar　　　　D. $CO_2 + N_2$

40. 提高等离子弧切割厚度，采用（　　）方法效果最好。
　　A. 增加切割电压　　　　　　　　B. 增加切割电流
　　C. 减小切割速度　　　　　　　　D. 增加空载电压

41. （　　）电渣焊适用于中小厚度及较长直环焊缝的焊接。
　　A. 丝极　　　　B. 板极　　　　C. 熔嘴　　　　D. 管状熔嘴

42. （　　）电渣焊多用于大断面长度小于 1.5 m 的短焊缝。
　　A. 丝极　　　　B. 板极　　　　C. 熔嘴　　　　D. 管状熔嘴

43. （　　）电渣焊可焊接大断面的长焊缝和变断面的焊缝。
　　A. 丝极　　　　B. 板极　　　　C. 熔嘴　　　　D. 管状熔嘴

44. （   ）是防止低合金钢产生冷裂纹、热裂纹和热影响区出现淬硬组织的最有效措施。

    A. 预热   B. 减小热输入

    C. 采用直流反接电源   D. 焊后热处理

45. 需要进行消除焊后残余应力的焊件，焊后应进行（   ）。

    A. 后热   B. 高温回火   C. 正火   D. 正火加回火

46. 不锈钢产生晶间腐蚀的"危险温度区"是指（   ）。

    A. 200～450℃   B. 550～650℃

    C. 450～850℃   D. 650～850℃

47. （   ）是使不锈钢产生晶间腐蚀的最有害元素。

    A. 铬   B. 镍   C. 铌   D. 碳

48. 当奥氏体不锈钢形成（   ）双相组织时，则其抗晶间腐蚀能力将大大提高。

    A. 奥氏体＋珠光体   B. 珠光体＋铁素体

    C. 奥氏体＋铁素体   D. 奥氏体＋马氏体

49. 奥氏体不锈钢焊接时，在保证焊缝金属抗裂性和抗腐蚀性能的前提下，应将铁素体相控制在（   ）范围内。

    A. ＜5%   B. ＞10%   C. ＞5%   D. ＜10%

50. 含有较多铁素体相的奥氏体不锈钢焊接时，（   ）时脆化速度最快。

    A. 350℃   B. 500℃   C. 450℃   D. 475℃

51. 铁素体不锈钢常采用（   ）进行焊接。

    A. 焊条电弧焊   B. 埋弧焊   C. 等离子弧焊

52. （   ）不锈钢具有强烈的淬硬倾向。

    A. 奥氏体   B. 铁素体   C. 马氏体

53. （   ）不锈钢晶间腐蚀倾向很小。

    A. 奥氏体   B. 铁素体   C. 马氏体

54. （   ）不锈钢不会产生淬硬倾向。

    A. 奥氏体   B. 铁素体   C. 马氏体

55. Q345 钢焊条电弧焊时，应选用的焊条型号是（   ）。

    A. E4303   B. E5015   C. E5516

56. （   ）是焊接铝及铝合金较完善的焊接方法。

    A. 焊条电弧焊   B. CO_2 气体保护焊

    C. 电渣焊   D. 氩弧焊

57. 珠光体耐热钢焊后热处理方式是（   ）。

    A. 淬火   B. 正火   C. 高温回火   D. 调质

58. 弯曲变形的大小以（   ）进行度量。

    A. 弯曲角度   B. 挠度   C. 弯曲跨度   D. 纵向收缩量

59. 横向收缩变形在焊缝的厚度方向上分布不均匀是引起（   ）的原因。

    A. 波浪变形   B. 扭曲变形

    C. 角变形   D. 错边变形

60. 薄板对接焊缝产生的应力是（   ）。

    A. 单向应力   B. 平面应力   C. 体积应力

61. 奥氏体不锈钢焊后采用（   ）可提高焊缝抗晶间腐蚀能力。

    A. 固溶处理或均匀化热处理   B. 正火

    C. 回火   D. 淬火 + 回火

62. 平面应力通常发生在（   ）焊接结构中。

    A. 薄板   B. 中厚板   C. 厚板   D. 复杂

63. （   ）将使焊接接头中产生较大的焊接应力。

    A. 逐步跳焊法   B. 刚性固定法

    C. 自重法   D. 对称焊

64. 弯曲试验是测定焊接接头弯曲时的（   ）的一种试验方法。

    A. 抗拉强度   B. 塑性   C. 硬度   D. 冲击韧性

65. （   ）是测定焊接接头弯曲时的塑性的一种试验方法。

    A. 冷弯试验   B. 拉伸试验

    C. 冲击试验   D. 硬度试验

66. （   ）能检验焊层与焊层之间的结合强度。

    A. 正弯试验   B. 背弯试验

    C. 侧弯试验   D. 冲击试验

67. （   ）可以考核焊接区的熔合质量和暴露焊接缺陷。

    A. 拉伸试验   B. 硬度试验

    C. 冲击试验   D. 冷弯试验

68. （   ）可以测定焊缝金属的抗拉强度值。

    A. 冷弯试验   B. 拉伸试验

    C. 冲击试验   D. 硬度试验

69. 冲击试验是用来测定焊缝金属或焊件热影响区的（   ）值。

    A. 塑性   B. 抗拉强度

    C. 硬度   D. 冲击韧度

70. （   ）可以测定焊缝金属或焊件热影响区脆性转变温度。

    A. 拉伸试验   B. 冷弯试验

    C. 硬度试验   D. 冲击试验

71. （   ）用于不受压焊缝的密封性检查。

    A. 水压试验   B. 煤油试验

    C. 气密性试验   D. 气压试验

72. （   ）不是无损检验。

    A. 气密性检验   B. 水压试验

    C. 金相检验   D. 渗透探伤

73. （   ）是专门用于对非磁性材料焊缝表面和近表面缺陷进行探伤的方法。

A. 煤油试验   B. 荧光法

C. 气密性试验   D. 磁粉检验

74. 如果采用分度盘，（   ）可进行多种分度。

     A. 车削加工   B. 刨削加工

     C. 铣削加工   D. 磨削加工

75. CO_2 气体保护焊的电源采用（   ）。

     A. 交流电源   B. 直流正接   C. 直流反接

76. 气体保护焊时，保护气体成本最低的是（   ）。

     A. CO_2 B. Ar   C. He   D. H_2

77. 氧气瓶一般应（   ）放置，且必须安放稳固。

     A. 水平   B. 倾斜   C. 直立   D. 倒立

78. 氧气瓶与乙炔发生器、明火、可燃气瓶或热源的距离应（   ）。

     A. >10 m   B. >5 m   C. >1 m   D. >2 m

79. 气焊高碳钢，应采用（   ）火焰进行焊接。

     A. 碳化焰   B. 中性焰

     C. 轻微氧化焰   D. 氧化焰

三、判断题（下列判断正确的请打"√"，错的打"×"）

1. 从 Fe—Fe_3C 相图可见，随碳的质量分数的增加，转变温度沿 GS 线逐渐升高。

                                                                （   ）

2. 碳的质量分数越高的钢，其焊接性能越好。   （   ）

3. 对于焊接性较差的金属，焊前焊后都应采用适当的措施，改善焊缝组织。

                                                                  （   ）

4. 过共析钢的强度和弹性极限最高，可作结构件和弹簧。   （   ）

5. 亚共析钢的奥氏体化温度一般在 Ac_{cm} 以上，才能获得单相奥氏体组织。 （   ）

6. 钢中碳的质量分数越高则奥氏体晶粒越粗。   （   ）

7. 钢中加入合金元素将促使奥氏体晶粒长大。   （   ）

8. 热处理生产中，奥氏体的转变都是在连续冷却中进行的。   （   ）

9. 同一钢种 C 曲线的临界冷却速度是唯一的。   （   ）

10. 下贝氏体的硬度比上贝氏体的硬度高。   （   ）

11. 电弧焊时，电弧产生的热量全部被用来熔化焊条（焊丝）和母材。 （   ）

12. 冷裂纹是在焊接熔池一次结晶时产生的。   （   ）

13. 易淬火钢加热温度在 $Ac_1 \sim Ac_3$ 之间的焊接热影响区为完全淬火区。 （   ）

14. 低碳钢焊接接头正火区的组织，在室温时为奥氏体加珠光体。   （   ）

15. 电位的大小是相对的，它是随着参考点的变化而变化的。   （   ）

16. 电路中的零电位参考点可任意选择。   （   ）

17. 焊缝两侧距离相同的各点其焊接热循环是相同的。   （   ）

18. 不易淬火钢热影响区中的部分相变区，由于部分组织发生变化，所以是整个热影响区中综合性能最好的一个区域。   （   ）

19. 电源的电动势大于其端电压。 （　　）

20. 电阻并联后的总电阻值总是小于任何一个分电阻值。 （　　）

21. 磁场强度与该点的磁感应强度大小相等，方向相反。 （　　）

22. 材料的磁导率越小则其磁阻也越小。 （　　）

23. 气体电离的必要条件是有电场或热能的作用。 （　　）

24. 若两电极间的电压越高，电场作用越大，则电离作用越弱。 （　　）

25. 焊丝伸出长度越长，则电阻热越小。 （　　）

26. 任何焊接位置，电磁压缩力的作用方向都是使熔滴向熔池过渡。 （　　）

27. 斑点压力的作用方向总是阻碍熔滴向熔池过渡。 （　　）

28. 电弧气体的吹力总是有利于熔滴金属的过渡。 （　　）

29. 碳具有较强的脱氧效果，所以原材料中的碳是作为脱氧剂加入的。 （　　）

30. 酸性熔渣往往没有碱性熔渣脱氧效果佳。 （　　）

31. 合金元素的过渡系数往往是一常数。 （　　）

32. 熔化极电弧焊时，熔化焊条（或焊丝）的主要热量是电流通过焊条（或焊丝）时所产生的电阻热。 （　　）

33. 气孔、夹杂、偏析等缺陷大多是在焊缝金属的二次结晶时产生的。 （　　）

34. 熔焊时，焊缝的组织是柱状晶。 （　　）

35. CO_2 气体保护焊，形成氢气孔的可能性较小。 （　　）

36. CO_2 气体保护焊，产生 CO 气孔的可能性较大。 （　　）

37. CO_2 气体保护焊对铁锈、油污很敏感，焊前一般需要除锈。 （　　）

38. CO_2 气体保护焊，CO 气孔的产生是由于 CO_2 气体被分解出 CO 气体所致。 （　　）

39. CO_2 气体保护焊，焊接电流密度越大，则静特性曲线上升的斜率越小。 （　　）

40. 氧化性气体由于本身氧化性比较强，所以不适宜作为保护气体。 （　　）

41. 由于气体保护焊时没有熔渣，所以焊接质量要比焊条电弧焊和埋弧焊差一些。 （　　）

42. 气体保护焊很适宜于全位置焊接。 （　　）

43. CO_2 气体保护焊生产效率高的原因是，可以采用较粗的焊丝，因而相应使用了较大的焊接电流。 （　　）

44. CO_2 气体保护焊，熔滴不应呈粗粒状过渡，因为此时飞溅加大，焊缝成形恶化。 （　　）

45. 粗丝 CO_2 气体保护焊时，熔滴应采用细颗粒状过渡；细丝 CO_2 气体保护焊时，熔滴应采用短路过渡。 （　　）

46. CO_2 气体保护焊时，熔滴均应采用短路过渡形式，才能获得良好的焊缝成形。 （　　）

47. CO_2 气体在电弧高温下会发生分解，所以 CO_2 气体保护焊时，焊缝具有较高的力学性能。 （　　）

48. CO_2 气体中不含氢，所以 CO_2 气体保护焊时，不会产生氢气孔。　（　　）

49. CO_2 气体保护焊焊接回路中串联电感的目的是防止气孔的产生。　（　　）

50. 为了获得熔滴的短路过渡形式，CO_2 气体保护焊时，应该首先正确地选择焊接电流值。　（　　）

51. 细丝 CO_2 气体保护焊时，通常采用等速送丝。　（　　）

52. 推丝式送丝机构适用于长距离输送焊丝。　（　　）

53. 拉丝式送丝机构只适用于短距离输送焊丝。　（　　）

54. CO_2 气路内的预热器的作用是防止瓶阀和减压阀冻坏或气路堵塞。　（　　）

55. CO_2 气路内的干燥器的作用是吸收 CO_2 气体中的水分。　（　　）

56. CO_2 气体保护焊设备中的控制系统的作用是保证预先选定的焊接参数在焊接过程中保持不变。　（　　）

57. CO_2 气体保护焊时，应先引弧再通气，才能保证电弧的稳定燃烧。　（　　）

58. 熔化极氩弧焊的熔深大，可用于厚板的焊接，而且容易实现焊接过程的机械化和自动化。　（　　）

59. 由于熔化极氩弧焊的电极是焊丝，所以它对熔池的保护要求不高。　（　　）

60. 气体保护焊时，只能用一种气体作为保护介质。　（　　）

61. CO_2 气瓶内剩余压力不应低于 0.98 MPa，才能保证再次灌气后的气体纯度。　（　　）

62. 等离子弧都是压缩电弧。　（　　）

63. 等离子弧和普通自由电弧本质上是完全不同的两种电弧。　（　　）

64. 非转移弧的温度和一般自由电弧差不多，只能用于薄板的焊接。　（　　）

65. 适当增加等离子气流量，可以提高切割厚度和质量。　（　　）

66. 等离子弧切割时，若等离子气流量过大、冷却气流将带走大量的热量，会降低切割能力。　（　　）

67. 等离子弧切割时产生的双弧，可以大大地提高等离子弧燃烧的稳定性。　（　　）

68. 非转移型等离子弧主要用于切割较厚的金属和非金属材料。　（　　）

69. 由于等离子弧中电流密度很大，电弧燃烧十分稳定，可以相应地降低电源的空载电压。　（　　）

70. 等离子弧切割应主要根据切割厚度来选择等离子气种类和流量。　（　　）

71. 适当增加等离子气流量，可提高切割厚度和质量。　（　　）

72. 等离子弧切割时，等离子气流量过大，冷却气流会带走大量的热量，使切割能力提高。　（　　）

73. 等离子弧切割时，适当提高切割速度，可使切口变窄，热影响区减小。　（　　）

74. 电渣焊与埋弧焊无本质区别，只是前者使用的电流大些。　（　　）

75. 电渣焊的液态熔渣电阻越大，则熔池可加热的温度也就越高。　（　　）

76. 电渣焊要求液态熔渣的密度应比熔化金属大些。　（　　）

77. 电渣焊焊接接头必须通过焊后热处理，才能改善接头的力学性能。　（　　）

78. 电渣焊不可能采用埋弧焊焊剂，否则，将出现夹渣、气孔等缺陷。　（　　）

79. 板极电渣焊生产效率虽比丝极电渣焊高，但由于板条需作横向摆动，故其设备复杂。　　　　　　　　　　　　　　　　　　　　　　　　　　（　　）

80. 丝极电渣焊，由于不需要送丝机构，故可用边料作电极。　　　　（　　）

81. 熔嘴电渣焊的缺点之一是设备复杂且要求高。　　　　　　　　　（　　）

82. 电渣焊只适合于垂直对接焊缝。　　　　　　　　　　　　　　　（　　）

83. 利用碳当量可以准确地判断材料焊接性的好坏。　　　　　　　　（　　）

84. 低合金高强度结构钢等级越高，则淬硬倾向越大。　　　　　　　（　　）

85. 低合金高强度结构钢焊后冷却速度越大，则淬硬倾向越小。　　　（　　）

86. Q345 钢具有良好的焊接性，其淬硬倾向比 Q235 钢稍小些。　　（　　）

87. 几乎所有的焊接方法都能焊 Q345 钢，但用 CO_2 气体保护焊焊接时，焊缝抗裂性能差。　　　　　　　　　　　　　　　　　　　　　　　　　　　　（　　）

88. 珠光体耐热钢不论是在点固焊或焊接过程中，都应预热。　　　　（　　）

89. 珠光体耐热钢的焊接，可以选用奥氏体不锈钢焊条，且焊前可不预热，焊后不热处理。　　　　　　　　　　　　　　　　　　　　　　　　　　　　（　　）

90. 由于珠光体耐热钢热影响区具有较大的淬硬倾向，故不宜采用电渣焊工艺。　　　　　　　　　　　　　　　　　　　　　　　　　　　　　　　　（　　）

91. 奥氏体不锈钢的碳当量较大，故其淬硬倾向较大。　　　　　　　（　　）

92. 奥氏体不锈钢焊接时，为防止产生脆化现象，应将铁素体相控制在较低的水平。　　　　　　　　　　　　　　　　　　　　　　　　　　　　　　　　（　　）

93. 奥氏体不锈钢焊接时，铁素体相越多，则脆化现象越严重。　　　（　　）

94. σ 相仅仅出现在奥氏体不锈钢双相焊缝内。　　　　　　　　　（　　）

95. 奥氏体不锈钢焊接接头中 σ 相的产生会使焊缝的塑性大大降低，这种现象叫 σ 相脆化。　　　　　　　　　　　　　　　　　　　　　　　　　　　　　（　　）

96. 奥氏体不锈钢焊接接头进行均匀化处理的目的是消除焊接残余应力。（　　）

97. 与腐蚀介质接触的不锈钢焊缝最先焊接，可防止过热以避免产生晶间腐蚀。　　　　　　　　　　　　　　　　　　　　　　　　　　　　　　　　（　　）

98. 埋弧焊焊成的奥氏体不锈钢接头具有很高的耐热性和良好的力学性能。　　　　　　　　　　　　　　　　　　　　　　　　　　　　　　　　　（　　）

99. 采用钨极氩弧焊焊接的奥氏体不锈钢焊接接头的抗腐蚀性比正常的焊条电弧焊好。　　　　　　　　　　　　　　　　　　　　　　　　　　　　　　　（　　）

100. 奥氏体不锈钢焊条电弧焊时，焊条要适当横向摆动，以加快其冷却速度。　　　　　　　　　　　　　　　　　　　　　　　　　　　　　　　　（　　）

101. 奥氏体不锈钢抗腐蚀能力与焊缝表面粗糙度无关。　　　　　　（　　）

102. 经钝化处理后的不锈钢，具有较好的力学性能。　　　　　　　（　　）

103. 双相组织的奥氏体不锈钢焊缝不但具有较高的抗晶间腐蚀能力，同时还具有较高的抗热裂纹能力。　　　　　　　　　　　　　　　　　　　　　　　　（　　）

104. 预热是防止奥氏体不锈钢焊缝中产生热裂纹的主要工艺措施之一。（　　）

105. 奥氏体不锈钢焊后处理的目的是增加其冲击韧度和强度。　　　（　　）

106. 铁素体不锈钢可以采用奥氏体不锈钢焊条进行焊接。（　　）

107. 铁素体不锈钢焊接接头的冷裂倾向较大。（　　）

108. 奥氏体不锈钢在加热和冷却过程中不发生相变，所以晶粒长大以后，不能通过热处理的方法细化。（　　）

109. 铁素体不锈钢可以采用预热的方法防止产生裂纹。（　　）

110. 铁素体不锈钢焊接后可以用小锤轻轻锤击焊缝，以减小焊接应力。（　　）

111. 马氏体不锈钢也有475℃脆性。（　　）

112. 铁素体不锈钢晶间腐蚀倾向很小。（　　）

113. 不锈复合钢板焊接后，可以不作钝化处理。（　　）

114. 不锈复合钢板装配定位焊时，不允许基层焊条在复层上定位焊，但复层焊条可在基层上定位焊。（　　）

115. 焊接不锈复合钢板应采用直流正接电源。（　　）

116. 热焊法焊接灰铸铁可有效地防止裂纹和白口的产生，故工业上经常采用。（　　）

117. 手工电渣焊焊灰铸铁可以有效地避免产生白口，但易产生裂纹。（　　）

118. 球墨铸铁具有较好的塑性和强度，且不易产生裂纹，故其焊接性比灰铸铁好得多。（　　）

119. 铜与铜合金焊接时产生的气孔主要是氢气孔和氮气孔。（　　）

120. 铜与铜合金焊接产生气孔的倾向较碳钢小些。（　　）

121. 铜与铜合金焊接时在焊缝及热影响区易产生冷裂纹。（　　）

122. 铜与铜合金在常温时不易氧化，故焊接时不存在铜的氧化问题。（　　）

123. 低合金高强度结构钢焊接时产生热裂纹倾向比冷裂纹小得多。（　　）

124. 珠光体耐热钢焊接时，必须根据等强度原则选择与母材强度级别相同的焊条。（　　）

125. CO_2气体保护焊由于氧化性太强，所以不能用来焊接钛和钛合金。（　　）

126. 铝及铝合金焊条电弧焊时，电源一律采用直流反接。（　　）

127. 铜的氧化是焊接铜与铜合金的主要问题。（　　）

128. 铜和铜合金焊缝中形成气孔往往是氢和一氧化碳气孔。（　　）

129. 铝及铝合金由于导热性强，熔池冷凝快，所以焊接时产生气孔的倾向较大。（　　）

130. 为增加铝及铝合金焊件表面的耐腐蚀性，焊后应将焊件表面的污物清理干净。（　　）

131. 焊缝纵向收缩不会引起弯曲变形。（　　）

132. 焊缝横向收缩不会引起弯曲变形。（　　）

133. 焊接变形在焊接时是必然要产生的，是无法避免的。（　　）

134. 生产中，应尽量采用先总装后焊接的方法来增加结构的刚性，以控制焊接变形。（　　）

135. 刚性固定法适用于任何材料的结构焊接。（　　）

136. 自重法的实质是反变形法的应用。　　　　　　　　　　　　（　　）

137. 反变形法会使焊接接头中产生较大的焊接应力。　　　　　　（　　）

138. 火焰加热矫正法仅适用于碳素钢结构。　　　　　　　　　　（　　）

139. 机械矫正法只适用于低碳钢结构。　　　　　　　　　　　　（　　）

140. 火焰加热矫正法工艺的关键是确定正确的加热位置。　　　　（　　）

141. 三角形加热法常用于厚度较大、刚性较强构件的扭曲变形的矫正。（　　）

142. 为减少焊接残余应力，多层焊时，每层都要锤击。　　　　　（　　）

143. 整体高温回火的温度越高，时间越长，残余应力消除得越彻底。（　　）

144. 局部高温回火较整体高温回火消除残余应力彻底。　　　　　（　　）

145. 焊件焊后整体高温回火，既可以消除应力，又可以消除变形。（　　）

146. 结构刚性增大时，焊接残余应力也随之加大。　　　　　　　（　　）

147. 采用对称焊接的方法可以减少焊件的波浪变形。　　　　　　（　　）

148. 分段退焊法虽然可以减少焊接残余变形，但同时又可减少焊接残余应力。

　　　　　　　　　　　　　　　　　　　　　　　　　　　　（　　）

149. 在同样厚度和焊接条件下，U 形坡口的变形比 V 形坡口的小。（　　）

150. 焊件越厚，则其横向收缩的变形量越小。　　　　　　　　　（　　）

151. 焊缝如果不在焊件的中性轴上，则焊后将会产生弯曲变形。　（　　）

152. 如果焊缝对称于焊件的中性轴，则焊后焊件不会产生弯曲变形。（　　）

153. 压扁试验的目的是检验管子对接接头的强度。　　　　　　　（　　）

154. 冷弯试验可以确定焊缝金属的屈服强度。　　　　　　　　　（　　）

155. 弯曲试验属于非破坏性检验方法。　　　　　　　　　　　　（　　）

156. 冲击试验可以测定焊接接头或焊缝金属的断面收缩率。　　　（　　）

157. 板状拉伸试样不便于测定焊接接头的屈服强度。　　　　　　（　　）

158. 气密性检验又叫肥皂水试验。　　　　　　　　　　　　　　（　　）

159. 用氨气代替压缩空气进行气密性检验，可以提高试验的灵敏度。（　　）

160. 煤油渗漏试验应在涂煤油 5 min 后观察有无油斑出现。　　　（　　）

161. 密封性检验用于检验焊缝的表面缺陷，而耐压检验则用于检验焊缝的内部缺陷。　　　　　　　　　　　　　　　　　　　　　　　　　　（　　）

162. 水压试验的压力应等于产品的工作压力值。　　　　　　　　（　　）

163. 水压试验中若发现渗漏现象，应当立即对泄漏处进行补焊。　（　　）

164. 煤油试验的场地应有防护设施。　　　　　　　　　　　　　（　　）

165. 压力容器严禁采用气压试验。　　　　　　　　　　　　　　（　　）

166. 气压试验应将压力缓慢而均匀地升到试验压力，然后检查焊缝表面有无泄漏现象。　　　　　　　　　　　　　　　　　　　　　　　　　（　　）

167. 着色法的原理与荧光法检验相似，但是荧光法的灵敏度较着色法高。（　　）

168. 磁粉检验适用于所有焊缝表面缺陷的检验。　　　　　　　　（　　）

169. 超声波探伤是用于探测焊缝表面缺陷的一种无损检验法。　　（　　）

170. 超声波显示缺陷的灵敏度比射线探伤高得多，故经超声波探伤的焊缝不必再

进行 X 射线探伤。 （　　）

171. 射线探伤底片上的白色带表示焊缝，白色带中的黑色斑点或条纹就表示缺陷。
（　　）

172. 车削适合于加工各种内外回转面。 （　　）

173. 在磨床上使用不同的磨刀，可以加工平面、阶台、沟槽和成形面，以及进行分度。

174. 磨削时必须喷液冷却。 （　　）

175. 铣削过程中将产生冲击与振动，故加工质量较低。 （　　）

176. 由于刨削时，其切削速度低，故生产效率较低。 （　　）

177. 工序间加工余量不应该考虑热处理时引起的变形。 （　　）

178. 零件的大小对工序间加工余量的选择没有影响。 （　　）

179. 卷板机在卷板时必须使用模具。 （　　）

180. 氧气瓶阀、氧气减压器、焊炬、割炬氧气皮管等应严禁沾染上易燃物质和油脂。 （　　）

181. 冬季，当减压器冻结时，严禁采用热水或蒸汽解冻。 （　　）

182. 焊补铸铁件上的裂纹时，一定要在裂纹两端钻止裂孔，以防止焊补时裂纹的延伸。

183. 中碳钢气焊过程中容易产生 CO 气孔。 （　　）

184. 高碳钢气焊过程中易产生热裂纹。 （　　）

185. 由于奥氏体不锈钢具有良好的焊接性，所以气焊时不必采用气焊熔剂。
（　　）

186. 液态的铸铁流动性好，所以能在任意位置进行施焊。 （　　）

187. 光电跟踪切割，必须在钢板上划线，才能进行跟踪切割。 （　　）

188. 仿形气割机切割零件时，必须先根据被割零件的形状设计样板。 （　　）

四、简答题

1. Fe—Fe$_3$C 合金相图在哪些方面得到应用？

2. 影响奥氏体晶粒长大的因素有哪些？

3. 影响 C 曲线的因素有哪些？

4. 焊接熔池一次结晶的特点有哪些？

5. 分别简述回火马氏体、回火托氏体、回火索氏体的性能特点。

6. 什么是焊接热循环？焊接热循环的主要参数有哪些？

7. 不易淬火钢焊接热影响区由哪几部分组成？

8. 易淬火钢焊接热影响区分为哪几部分？

9. 什么是显微偏析？影响显微偏析的主要因素是什么？

10. 串联电路有什么特点？

11. 并联电路有什么特点？

12. 焊缝中的夹杂主要有哪些？有何危害？

13. 焊缝中的硫有什么危害？

14. 焊缝中的磷有什么危害？

15. 焊缝金属合金化的目的是什么？合金化方式有哪些？

16. CO_2 气体保护焊有哪些优点？

17. CO_2 气体保护焊防止飞溅产生的措施有哪些？

18. CO_2 气体保护焊有哪些焊接参数？

19. 等离子双弧形成的原因是什么？

20. 什么叫机械压缩效应？什么叫热压缩效应？

21. 什么叫"双弧"现象？

22. 什么叫非转移弧、转移弧、联合弧？

23. 简述等离子弧切割的原理。

24. 等离子弧切割有哪些特点？

25. 金属焊接性包括哪两方面的内容？其含义是什么？

26. 低合金高强度结构钢焊接时易出现的主要问题是什么？其焊接工艺特点有哪些？

27. 简述奥氏体不锈钢焊接时产生"贫铬区"的过程。

28. 铁素体不锈钢焊接时的主要问题有哪些？

29. 焊接不锈复合钢板应注意哪些问题？

30. 补焊灰铸铁产生白口的原因是什么？

31. 灰铸铁焊条电弧冷焊法有何特点？

32. 灰铸铁焊条电弧热焊法有何特点？

33. 铝及铝合金焊接时的主要问题有哪些？

34. 铜与铜合金焊接时的主要问题有哪些？

35. 为什么焊接过程中会产生应力和变形？

36. 什么叫焊接变形？焊接变形的种类有哪些？

37. 什么叫焊接应力？焊接应力有哪些种类？

38. 什么叫"减应区"？

39. 消除焊接残余应力的方法有哪些？

40. 什么叫机械拉伸法、温差拉伸法？

41. 利用刚性固定法减少焊接残余变形，应注意什么问题？

42. 焊缝和焊接接头的腐蚀试验有哪些形式？

43. 腐蚀试验的目的是什么？

44. 焊接接头非破坏性检验方法有哪些？

45. 为什么容器要先经过无损探伤或焊后热处理后再进行水压试验？

46. 装配的基本条件是什么？

47. 影响加工余量的因素有哪些？

48. 什么是等离子弧？产生等离子弧受到哪三种压缩作用？

49. 什么是激光切割？激光切割有哪些特点？

50. 什么带极埋弧焊？有何特点？

51. 装配基准面的选择原则有哪些？

五、计算题

1. 求图Ⅱ—1所示电路中的等效电阻 R_{ab}。

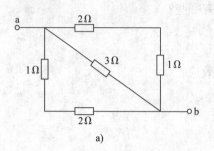 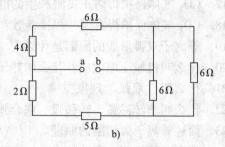

图Ⅱ—1

2. 如图Ⅱ—2中，$R_1 = R_2 = R_3 = R_4 = 10\ \Omega$，$E_1 = 12\ V$，$E_2 = 9\ V$，$E_3 = 18\ V$，$E_4 = 3\ V$，求A、B、C、D、E、F、G、H点的电位。

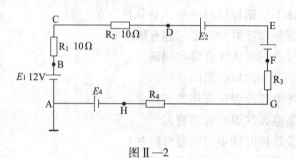

图Ⅱ—2

3. 焊件厚度为12 mm，采用Ⅰ形坡口埋弧焊工艺，工艺参数为：焊丝直径4 mm，焊接电流560 A，电弧电压36 V，焊接速度32 m/h，试计算焊接时的热输入。

模拟试卷（一）

一、填空题（把正确的答案填在横线空白处，每空1分，共20分）

1. Fe—Fe₃C相图中的ES线为＿＿＿＿＿溶解度曲线，常用 A_{cm} 表示。

2. 为了提高测量的精度，电流表的内阻应尽量＿＿＿＿＿；电压表的内阻应尽量＿＿＿＿＿。

3. 等离子弧切割时，采用＿＿＿＿＿弧，可切割非金属材料及混凝土、耐火砖等。

4. 熔滴通过电弧空间向熔池转移的过程叫＿＿＿＿＿。

5. CO_2 气体保护焊，焊丝伸出长度过长，＿＿＿＿＿严重，＿＿＿＿＿变差。合适的伸出长度应为直径的＿＿＿＿＿倍。

6. 电渣焊工艺的主要缺点是＿＿＿＿＿。

7. 金属的焊接性是指＿＿＿＿＿。

8. 珠光体耐热钢具有_____和_____的特性。

9. 不锈钢在熔合线上产生的晶间腐蚀又称为_____。

10. 机械矫正法是利用_____的作用来矫正变形的方法。

11. 对焊后需要无损探伤或热处理的容器,水压试验应经_____才能进行。

12. 超声波探伤是利用_____探测材料内部缺陷的无损检验法。

13. 为了减少焊件的焊接残余应力,选择合理的焊接顺序的原则之一是:先焊收缩量_____的焊缝,尽可能使焊缝自由收缩。

14. 气焊灰铸铁的加热和冷却都比电弧焊缓慢,这就可以有效地防止_____、_____和_____产生。

二、选择题(将正确答案的代号填入括号中,每题 1 分,共 15 分)

1. 根据 Fe—Fe_3C 合金相图中的( ),可以确定不同成分铁碳合金的熔化、浇注温度。

    A. 固相线   B. 共晶转变线

    C. 共析转变线   D. 液相线

2. ( )是表示磁场方向与强弱的物理量。

    A. 磁场强度   B. 磁通势

    C. 磁感应强度   D. 磁通

3. 表示金属熔化特性的主要参数是( )。

    A. 熔化系数   B. 熔化速度

    C. 熔化率   D. 熔敷系数

4. 埋弧焊主要以( )方式进行合金化。

    A. 应用合金焊丝   B. 应用药芯焊丝

    C. 应用陶质焊剂   D. 应用置换反应

5. 细丝熔化极氩弧焊,应采用具有( )特性的电源。

    A. 上升   B. 缓降   C. 平   D. 陡降

6. 等离子弧切割时,应采用( )电源最好。

    A. 交流   B. 直流反接

    C. 直流正接   D. 脉冲交流

7. 珠光体耐热钢的焊接,焊条的选择是根据( )。

    A. 化学成分   B. 力学性能

    C. 化学成分和力学性能   D. 焊件的结构

8. 焊补灰铸铁时,往往在( )处会出现白口组织。

    A. 熔合线   B. 热影响区

    C. 焊缝金属   D. 焊趾

9. 铝及铝合金焊接时,产生的裂纹是( )。

    A. 热裂纹和冷裂纹   B. 冷裂纹

    C. 热裂纹   D. 再热裂纹

10. 构件厚度方向和长度方向不在一个平面上的变形是( )。

A. 角变形　　　　　　　　　B. 波浪变形
C. 扭曲变形　　　　　　　　D. 错边变形

11. 采用（　）方法焊接直、长焊缝的焊接变形最小。
A. 直通焊　　　　　　　　　B. 从中段向两端焊
C. 从中段向两端逐步退焊　　D. 从一端向另一端逐步退焊

12. （　）可以反映出焊接接头各区域的塑性差别。
A. 冷弯试验　　　　　　　　B. 拉伸试验
C. 冲击试验　　　　　　　　D. 硬度试验

13. 煤油渗漏检验时，是在焊缝的一面涂上（　）待干燥后，再在焊缝的另一面涂上（　）进行的。
A. 肥皂水；煤油　　　　　　B. 煤油；石灰水
C. 石灰水；煤油　　　　　　D. 氨气；石灰水

14. （　）加工是以工件旋转为主运动，以刀的移动为进给运动的切削加工方法。
A. 车削　　　B. 铣削　　　C. 磨削　　　D. 刨削

15. 使用等压式割炬时，应保证乙炔有一定的（　）。
A. 流量　　　B. 纯度　　　C. 干燥度　　　D. 工作压力

三、判断题（下列判断正确的请打"√"，错的打"×"，每题1分，共20分）

1. 合金的结晶过程和纯金属的结晶过程从本质上讲是相似的。（　）
2. 钢中加入合金元素将改变奥氏体形成过程和形成速度。（　）
3. 焊缝不对称时，应先焊焊缝少的一侧以减少弯曲变形。（　）
4. 冷焊灰铸铁的工艺特点是长段、连续、集中焊。（　）
5. 同种材料的焊丝，其直径越大，则电阻越大，相对产生的电阻热也就增大。（　）
6. 晶核长大的方向往往与熔池散热的方向一致。（　）
7. CO_2气体保护焊，由于接头含氢量低，所以具有较高的抗热裂能力。（　）
8. CO_2气体保护焊，采用粗焊丝焊接的气体流量应比细焊丝焊接的气体流量大。（　）
9. 钨极氩弧焊的喷嘴口径及气体流量都应比熔化极氩弧焊大些；否则，焊缝表面会起皱皮。（　）
10. 电渣焊与埋弧焊相比，抗气孔的能力要好得多。（　）
11. 低合金高强度结构钢的碳的质量分数和合金元素的质量分数越高，其淬硬倾向越小。（　）
12. 珠光体耐热钢必须采取预热、焊后缓冷、焊后热处理工艺，缺一不可。（　）
13. 铜及铜合金焊接时产生的裂纹都属于热裂纹。（　）
14. 焊接应力在焊接时是必然要产生的，无法避免，但是焊接变形是可以避免产生的。（　）

15. 水火矫正法适用于淬硬倾向较大的钢件，因为这时可以提高矫正的效率。

（　　）

16. 密封性检验可以附带地降低焊接接头的应力。

17. 刨削能加工硬度很高的工件材料，如白口、铸铁、淬火钢及硬质合金等。

（　　）

18. 左焊法气焊时，火焰指向焊缝，使熔池和周围的空气隔离，可增加熔深，提高生产效率。

（　　）

19. 气割当发生回火时，应立即关闭乙炔和预热氧调节阀。　　　　（　　）

20. 焊条电弧焊时，选用优质焊条不但能提高焊缝金属的质量，同时能改善热影响区的组织和性能。

（　　）

四、简答题（每题 5 分，共 40 分）

1. 影响 C 曲线形状和位置的因素有哪些？

2. 描述焊接热循环的主要参数有哪些？

3. 熔化极氩弧焊的控制系统的作用是什么？

4. 什么是金属的焊接性？

5. 防止奥氏体不锈钢焊接接头产生晶间腐蚀的措施有哪些？

6. 为什么焊接灰铸铁时极易产生裂纹？

7. 控制焊接残余变形的措施有哪些？

8. 焊接性试验可以达到哪些目的？

五、计算题（5 分）

已知 Q245R（20 g）的化学成分（%）为 C：$0.17 \sim 0.24$；Si：$0.17 \sim 0.37$；Mn：$0.35 \sim 0.65$；Cr$\leqslant 0.25$；Ni$\leqslant 0.25$，请计算碳当量并评价该钢材的焊接性。

模拟试卷（二）

一、填空题（把正确的答案填在横线空白处，每空 1 分，共 20 分）

1. 合金在结晶过程中_____要发生变化。

2. 不完全重结晶区的温度范围在_____之间，其室温组织是_____。

3. 有一电池，两极间电压为 1.5 V，当把它的正极接地时，负极的电位将是_____ V。

4. 在焊接过程中热源沿焊件移动，在焊接热源作用下，焊件上某点的温度随时间变化的过程叫该点的_____。

5. CO_2 气体保护焊要求：CO_2 气体纯度_____；同时，当瓶内压力低于_____时，就应停止使用，以免产生气孔。

6. 细丝熔化极氩弧焊电源应配合_____送丝系统。

7. 电渣焊接头焊后均应_____，目的是细化晶粒，提高_____。

8. 氩弧焊焊接铝及铝合金是利用氩离子的_____作用，去除熔池表面的氧化铝薄膜。

9. 防止铸铁焊缝出现白口的具体措施是_____和_____。

10. 焊接不锈复合钢板应采用_____焊条来焊接同一条焊缝。

11. 焊接角变形是由于_____所引起的。

12. 焊接性试验是_____的试验。

13. 外观检验主要是为了发现_____。

14. 加工总余量等于_____。

15. 装配必须具备定位和_____两个基本条件。

16. 奥氏体不锈钢接触腐蚀介质的焊缝应_____施焊。

二、选择题（请将正确答案的代号填入括号中，每题 1 分，共 15 分）

1. 碳的质量分数为 0.77% 的奥氏体，在 727℃，同时析出铁素体和渗碳体组成的混合物，称为（　　）。

  A. 屈氏体　　 B. 珠光体　　 C. 二次渗碳体　　D. 莱氏体

2. 在全电路中，当电路处于短路状态时，短路电流为（　　）。

  A. $\dfrac{E}{R+r}$　　 B. $\dfrac{E}{R}$　　 C. $\dfrac{E}{r}$　　 D. ∞

3. （　　）的大小取决于焊条或焊丝的伸出长度、电流密度和焊条金属的电阻。

  A. 电弧热　　 B. 物理热　　 C. 化学热　　 D. 电阻热

4. 熔池中（　　）最先出现晶核。

  A. 焊趾上　　 B. 焊根部　　 C. 热影响区　　 D. 熔合线上

5. 熔化极氩弧焊，采用（　　）电源，电弧稳定，焊缝成形好。

  A. 交流　　 B. 直流

  C. 直流反接或交流　　 D. 直流正接或交流

6. 使用两根以上焊丝完成同一条焊缝的埋弧焊称为（　　）埋弧焊

  A. 单丝　　 B. 多丝　　 C. 双丝

7. 焊接奥氏体不锈钢，加大冷却速度的目的是（　　）。

  A. 避免产生淬硬现象

  B. 形成双相组织

  C. 缩短焊接接头在危险温度区停留的时间

  D. 进行均匀化处理

8. 灰铸铁焊接时，危害最严重的缺陷是（　　）。

  A. 气孔和白口　　 B. 白口和裂纹

  C. 白口和夹渣　　 D. 裂纹和气孔

9. 铝与铝合金焊接产生的气孔主要是（　　）。

  A. 氩气孔　　 B. 氮气孔

  C. 水蒸气反应气孔　　 D. 氢气孔

10. 为了减少焊接应力，合理的工艺措施是（　　）。

  A. 反变形法　　 B. 刚性夹紧

　　C. 散热法　　　　　　　　　　　D. 尽可能使焊缝自由收缩

11. （　　）不适用于焊接淬硬性较高的材料。

　　A. 自重法　　　　　　　　　　　B. 反变形法

　　C. 对称焊法　　　　　　　　　　D. 散热法

12. （　　）易于发现焊缝根部缺陷。

　　A. 背弯试验　　　　　　　　　　B. 正弯试验

　　C. 侧弯试验　　　　　　　　　　D. 冲击试验

13. （　　）是将压缩空气压入焊接容器，利用容器内外的压差检验泄漏的试验方法。

　　A. 煤油渗漏试验　　　　　　　　B. 耐压检验

　　C. 气密性检验　　　　　　　　　D. 气压检验

14. （　　）过程中，会使导热性差的工件表面产生裂纹。

　　A. 车削　　　　B. 磨削　　　　C. 铣削　　　　D. 刨削

15. 当零件外形有平面也有曲面时，应选择（　　）作为装配基准面。

　　A. 平面　　　　B. 曲面　　　　C. 凸曲面　　　　D. 凹曲面

三、判断题（下列判断正确的请打"√"，错误的打"×"，每题1分，共20分）

1. 加热温度高易使奥氏体晶粒长大，这是热处理中的一种缺陷。　　　　（　　）

2. 低温回火主要用于弹性零件及热锻模等。　　　　　　　　　　　　　（　　）

3. 利用碳当量可以直接判断材料焊接性的好坏。　　　　　　　　　　　（　　）

4. 在均匀介质中，磁场强度的大小随媒介质的性质不同而不同。　　　　（　　）

5. 熔滴的重力对熔滴过渡是有利的。　　　　　　　　　　　　　　　　（　　）

6. 增加熔渣的碱度可以提高焊缝金属的脱硫能力。　　　　　　　　　　（　　）

7. CO_2 气体保护焊，如果采用有足够脱氧元素的焊丝，就不易产生飞溅。（　　）

8. CO_2 气体保护焊，气体流量过大、过小都易产生气孔。　　　　　　（　　）

9. 细丝熔化极氩弧焊，由于焊接电流较小，所以电弧的静特性曲线是下降或水平的。　　　　　　　　　　　　　　　　　　　　　　　　　　　　　　（　　）

10. 等离子弧的温度之所以高，是因为使用了较大的焊接电流强度。　　（　　）

11. Q345 钢 MAG 焊，常用 ER50 – 6 焊丝。　　　　　　　　　　　　（　　）

12. 珠光体耐热钢的热影响区既具有淬硬倾向，又有冷裂倾向，同时钢中还存在再热裂纹的问题。　　　　　　　　　　　　　　　　　　　　　　　　　（　　）

13. 铝及铝合金焊前要仔细清理焊件表面，其主要目的是防止产生气孔。（　　）

14. 增加结构的刚性，则焊接残余变形增大。　　　　　　　　　　　　（　　）

15. 采用刚性固定法后，焊件就不会产生残余变形了。　　　　　　　　（　　）

16. 微观金相检验可作为质量分析手段，有时也可作为质量检验手段。（　　）

17. 工序间加工余量应采用最大的加工余量，以求缩短加工周期，降低零件制造费用。　　　　　　　　　　　　　　　　　　　　　　　　　　　　　　（　　）

18. 当焊接处加热到红色时，就可加入焊丝，形成熔池。　　　　　　　（　　）

19. 装配基准面的选择应根据零件的用途，通常以不重要的面为基准面。（　　）

20. 装配割嘴时，必须使内嘴和外嘴保持同心，否则，切割氧射流将发生偏斜。

（　　）

四、简答题（每题 5 分，共 40 分）

1. 什么叫合金相图？合金相图有何意义？

2. 什么叫焊接熔池的一次结晶？它有什么特点？

3. CO_2 气体保护焊产生飞溅的原因有哪些？

4. 电渣焊工艺有什么特点？

5. 防止奥氏体不锈钢产生热裂纹的措施有哪些？

6. 灰铸铁冷焊时应注意什么？

7. 常用减少焊接残余应力的工艺措施有哪些？

8. 什么叫耐压检验？其目的有哪些？

五、计算题（5 分）

已知一板板搭接焊缝如图 Ⅱ—3 所示，搭接部分材料总长为 1 800 mm，选用焊条直径为 4 mm。现查得此接头形式焊条电弧焊每米焊缝焊条消耗量为 0.75 kg。试计算焊缝长度以及焊条消耗量。

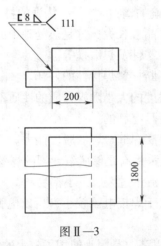

图 Ⅱ—3

中级焊工理论知识练习题参考答案

一、填空题

1. 恒温；某一温度范围内　　2. 极缓慢加热（或冷却）；铁碳合金；温度；组织；状态　　3. 液相；液相；奥氏体；渗碳体　　4. GS；A_3　　5. 共晶转变；共晶转变　　6. 共析转变；共析转变　　7. 加热温度；原始组织；化学成分　　8. 等温冷却；连续冷却　　9. 右；左　　10. 钢在淬火时为抑制非马氏体转变所需的最小冷却速度　　11. 共晶；1 148；4.3　　12. 共析；727；0.77　　13. 碳在奥氏体中的最大溶解度　　14. 渗碳体的熔点　　15. 大于；小于　　16. 0.021 8% ~2.11%；2.11% ~6.69%　　17. 熔滴过渡　　18. 将非电能转换成电能；负；正；伏特　　19. 电动势；电阻　　20. 电流强度；导体的电阻；时间　　21. 全电路　　22. 电压；电位　　23. 电流的热效应　　24. 重力；电磁压缩力；气体吹力　　25. 表面张力；电磁压缩力；气体吹力　　26. 回路　　27. 内部；外部；等于；相反　　28. 磁路中的磁通与磁通势成正比，与磁阻成反比　　29. 励磁线圈；铁心；衔铁　　30. 磁场强度　　31. 使中性气体分子或原子释放电子形成正离子　　32. 热电离；大　　33. 热电离；电场作用下的电离；光电离　　34. 光电离　　35. 阴极电子发射　　36. 阴极电子发射和气体电离　　37. 热电子发射；场致电子发射；撞击电子发射　　38. 作为电弧的一个极；向熔池提供填充金属　　39. 电阻热；电弧热；化学热　　40. 伸出长度　　41. 熔滴　　42. 重力；表面张力；电磁压缩力；斑点压力；电弧气体的吹力　　43. 熔滴的成分；温度；环境气氛；焊丝直径；保护气体的性质　　44. 滴状过渡；短路过渡；喷射过渡　　45. 母材；焊丝；药皮或焊剂；严格控制焊接原材料中的含硫量　　46. 强　　47. Fe_2P、Fe_3P　　48. 产生晶核；晶核长大　　49. 上部；较高的抗热裂　　50. 热输入　　51. 增大；增宽；增长；减慢　　52. 过热区；正火区；部分相变区；再结晶区　　53. 保护不良；CO_2 气体不纯　　54. 纵列式；横列式；直列式　　55. 推丝式；拉丝式；推拉式；推丝式　　56. 气瓶；干燥器；预热器；减压器；流量计　　57. 焊接电源、焊枪；送丝系统；供气装置；控制系统　　58. 细丝；粗丝　　59. 短路过渡；颗粒过渡　　60. 氢气；氮气；一氧化碳　　61. 熔化极氩弧焊　　62. 焊接电源；送丝机构；供气系统；焊枪　　63. 均匀调节　　64. 推丝式；拉丝式；推拉式　　65. 预送；延迟关闭　　66. 焊丝的送进；回抽；停止　　67. 氮；氩；氢　　68. 压缩空气　　69. 非金属材料；金属材料　　70. 弧柱与喷嘴之间的隔热绝缘层被击穿　　71. 陡；150 ~400　　72. 铈钨；锆或铪　　73. 转移型；非转移型；联合型　　74. 机械压缩效应；热压缩效应；磁收缩效应　　75. 切割电流与电压；等离子气种类与流量；切割速度；喷嘴距焊件的距离　　76. 6 ~8；切割能力；易烧坏喷嘴　　77. 填充金属；向焊缝过渡合金元素；力学性

能；抗裂性能　78．熔嘴和焊丝　79．导电；填充金属；送丝导向　80．激光束
81．自动焊机头；导轨；焊丝盘；控制箱　82．< 0.4%；不明显；预热；0.4% ~
0.6%；淬硬；预热；热输入；> 0.6%；淬硬；预热温度；工艺措施　83．近似；焊
接方法；焊件结构；焊接工艺因素　84．消除应力退火；淬火加回火；正火或正火加
回火　85．耐热钢　86．预热；焊后缓冷；焊后热处理　87．铁素体不锈钢；奥
氏体不锈钢；马氏体不锈钢　88．热导率低；电阻率高；线膨胀系数大　89．应力
腐蚀　90．晶间腐蚀　91．加热时间和加热温度；钢中碳的质量分数；金相组织
92．冲击韧度　93．奥氏体不锈钢在高温下长期使用，在沿焊缝熔合线外几个晶粒的
地方会发生脆断　94．抛光；钝化　95．复层；基层　96．复层钢　97．基
层；10 ~ 30 mm　98．冷裂纹；热裂纹；冷裂纹　99．Z238　100．铜的氧化；
易产生气孔；易产生热裂纹　101．气焊；焊条电弧焊；长度钨极氩弧焊
102．氢；水蒸气　103．氩弧焊；等离子弧焊；真空电子束焊　104．焊缝长度；
焊缝的长度　105．垂直焊缝　106．角变形　107．变形角 α　108．纵向和横
向的压应力使薄板失去稳定　109．装配不善；焊接本身　110．扭曲变形
111．体积应力　112．纵向焊接应力和变形　113．拉应力；压应力；弯曲；压应
力；拉应力　114．拉应力；压应力　115．横向应力和变形　116．少；多
117．反变形法　118．强迫冷却；散热法　119．刚性固定法　120．淬硬性较高
121．机械矫正法；火焰加热矫正法　122．火焰局部加热；塑性变形　123．火焰
局部加热时引起变形；加热位置；温度；重复加热的次数　124．点状加热；线状加
热；三角形加热　125．直线；宽度　126．变形量较大；厚板变形　127．三角
形；被矫正钢板的边缘；内　128．弯曲　129．较大　130．错开；直通长；较
大　131．避免根部裂纹；防止由于锤击而引起的冷作硬化　132．温差；冷却速度
133．抗拉强度；屈服强度；延伸率；断面收缩率　134．板状试样；圆形试样；整圆
试样　135．面弯；背弯；侧弯　136．焊缝根部　137．焊层与焊件之间的结合
强度　138．硬度；区域偏析；近缝区的淬硬倾向　139．焊缝金属和焊件热影响区
在受冲击载荷时抵抗折断的能力，以及脆性转变温度　140．持久强度　141．焊
缝；热影响区；焊件；内部缺陷　142．肉眼；借助低倍放大镜　143．宏观组织；
断口　144．焊缝金属；堆焊层　145．晶间腐蚀试验；应力腐蚀试验；腐蚀疲劳试
验；大气腐蚀试验；高温腐蚀试验　146．拉伸试验；弯曲试验；冲击试验；硬度试
验；疲劳试验　147．力学性能试验；金相检验；焊缝金属的化学分析；腐蚀试验；
焊接性试验　148．漏水；漏气；漏油　149．压缩空气；压差　150．肥皂水
151．气密性检验；煤油渗漏检验　152．水压试验；气压试验　153．整体致密性；
强度　154．表面　155．暂停升高；试验压力　156．致密性；强度　157．铁
磁性　158．荧光法；着色法　159．带有荧光染料或红色染料　160．非铁磁性
材料的表面和近表面的焊接缺陷　161．缺陷脉冲的波形　162．X 或 γ
163．普通车床；六角车床；立式车床；多刀车床；自动车床；半自动车床；数控车床
164．铣刀旋转；工件　165．砂轮（或砂带）　166．往复直线；垂直于主运动
167．牛头刨床；龙门刨床　168．铁素体；珠光体　169．氧化物；硫化物

170. 一次结晶；二次结晶　　171. 显微偏析；区域偏析；层次偏析　　172. 先期脱氧；沉淀脱氧、扩散脱氧　　173. FeS；MnS；FeS；低熔点共晶；热　　174. 元素脱硫；熔渣脱硫　　175. 预热　　176. 热裂纹；冷裂纹　　177. Mn；CaO；MnO；CaF$_2$　　178. 99.5%　　179. 射吸性能　　180. 乙炔；氧　　181. 夹紧　　182. 龙门剪板机；双盘剪切机；联合冲剪机　　183. 板料折弯机；卷板机；弯管机；液压机；摩擦压力机　　184. 测量基准；确定位置；线性尺寸；角度；平行度；垂直度；同轴度

二、选择题

1. C　　2. A　　3. C　　4. B　　5. D　　6. C　　7. A　　8. B
9. C　　10. C　　11. D　　12. C　　13. B　　14. A　　15. C　　16. B
17. A　　18. B　　19. B　　20. D　　21. B　　22. C　　23. C　　24. A
25. C　　26. C　　27. B　　28. B　　29. A　　30. B　　31. C　　32. A
33. B　　34. A　　35. C　　36. A　　37. B　　38. A　　39. B　　40. A
41. A　　42. B　　43. C　　44. A　　45. A　　46. C　　47. D　　48. C
49. A　　50. D　　51. A　　52. C　　53. C　　54. A、B 55. C　　56. D
57. C　　58. B　　59. C　　60. C　　61. A　　62. B　　63. C　　64. B
65. A　　66. C　　67. D　　68. B　　69. D　　70. D　　71. B　　72. C
73. B　　74. C　　75. C　　76. B　　77. C　　78. A　　79. A

三、判断题

1. ×　　2. ×　　3. √　　4. ×　　5. ×　　6. ×　　7. ×　　8. ×
9. ×　　10. √　　11. ×　　12. ×　　13. ×　　14. ×　　15. √　　16. √
17. √　　18. ×　　19. ×　　20. √　　21. ×　　22. ×　　23. √　　24. ×
25. ×　　26. √　　27. √　　28. √　　29. ×　　30. ×　　31. ×　　32. ×
33. ×　　34. √　　35. √　　36. ×　　37. ×　　38. ×　　39. ×　　40. ×
41. ×　　42. √　　43. ×　　44. √　　45. √　　46. ×　　47. ×　　48. ×
49. ×　　50. ×　　51. ×　　52. √　　53. ×　　54. √　　55. ×　　56. √
57. √　　58. √　　59. √　　60. √　　61. √　　62. √　　63. √　　64. √
65. √　　66. √　　67. ×　　68. √　　69. ×　　70. √　　71. √　　72. ×
73. √　　74. ×　　75. √　　76. ×　　77. √　　78. ×　　79. ×　　80. ×
81. ×　　82. ×　　83. √　　84. √　　85. ×　　86. √　　87. ×　　88. √
89. √　　90. ×　　91. √　　92. ×　　93. √　　94. √　　95. ×　　96. ×
97. ×　　98. ×　　99. ×　　100. ×　　101. ×　　102. ×　　103. ×　　104. ×
105. ×　　106. √　　107. √　　108. √　　109. ×　　110. ×　　111. ×　　112. ×
113. ×　　114. ×　　115. ×　　116. ×　　117. ×　　118. ×　　119. ×　　120. ×
121. ×　　122. ×　　123. √　　124. ×　　125. √　　126. √　　127. ×　　128. ×
129. √　　130. √　　131. ×　　132. ×　　133. √　　134. √　　135. ×　　136. √
137. ×　　138. ×　　139. √　　140. √　　141. ×　　142. ×　　143. √　　144. ×
145. ×　　146. √　　147. ×　　148. ×　　149. √　　150. ×　　151. √　　152. ×

153. ×　154. ×　155. ×　156. ×　157. ×　158. √　159. √　160. ×

161. ×　162. ×　164. ×　164. ×　165. ×　166. ×　167. ×　168. ×

169. ×　170. ×　171. √　172. √　173. ×　174. √　175. ×　176. √

177. ×　178. ×　179. ×　180. ×　181. ×　182. √　183. √　184. ×

185. ×　186. ×　187. ×　188. √

四、简答题

1. 答：Fe – Fe₃C 合金相图在铸造方面、在轧钢和锻造方面、在焊接方面、在热处理方面、在选材方面都得到应用。

2. 答：影响奥氏体晶粒长大的因素有：加热温度、保温时间、钢中碳的质量分数、钢中合金元素种类。

3. 答：影响 C 曲线的因素有：碳的质量分数、合金元素、加热温度和保温时间。

4. 答：焊接熔池一次结晶的特点是：

(1) 熔池体积小，冷却速度大。

(2) 熔池中的液态金属处于过热状态。

(3) 熔池是在运动状态下结晶。

5. 答：回火马氏体的性能特点是：具有高的硬度、高的耐磨性和一定的韧性。

回火托氏体的性能特点是：具有高的弹性极限、屈服强度和适当的韧性。

回火索氏体的性能特点是：具有良好的综合力学性能。

6. 答：在焊接热源作用下，焊件上某点的温度随时间变化的过程，叫该点的焊接热循环。焊接热循环的主要参数是加热速度、最高温度 T_m、在相变温度 T_A 以上停留时间 t_A 和冷却速度。

7. 答：不易淬火钢焊接热影响区由过热区、正火区、部分相变区组成。焊前经塑性变形的母材还有再结晶区。

8. 答：如果母材焊前是退火状态，则可分为完全淬火区和不完全淬火区；如果母材焊前是调质状态，则还要形成一个回火区。

9. 答：在一个晶粒内部和晶粒之间的化学成分不均匀现象称为显微偏析。影响显微偏析的主要因素是金属的化学成分。因为金属的化学成分决定金属结晶区间的大小，结晶区间越大，越容易产生显微偏析，严重的偏析会引起热裂等缺陷。

10. 答：串联电路的特点有：

(1) 串联电路中流过每个电阻的电流都相等。

(2) 串联电路两端的总电压等于各电阻两端的分电压之和。

(3) 串联电路的等效电阻等于各串联电阻之和。

(4) 各串联电阻两端的电压与其电阻的阻值成正比。

11. 答：并联电路的特点有：

(1) 并联电路中各电阻两端的电压相等，且等于电路两端的电压。

(2) 并联电路中的总电流等于各电阻中的电流之和。

(3) 并联电路的等效电阻的倒数等于各并联电阻的倒数之和。

(4) 流过各并联电阻中的电流与其阻值成反比。

12. 答：焊缝中的夹杂主要有氧化物夹杂和硫化物夹杂。氧化物夹杂，主要是 SiO_2、MnO、TiO_2 和 Al_2O_3 等，一般都以硅酸盐的形式存在。这些夹杂物的危害性较大，是在焊缝中引起夹渣的原因之一。硫化物夹杂，主要是 MnS 和 FeS。以 FeS 形式存在的夹杂，对钢的性能影响最大，它是促使形成热裂纹的主要因素之一。

13. 答：焊缝中硫的危害表现在：

（1）促使焊缝金属形成热裂纹。

（2）降低冲击韧度和腐蚀性。

（3）当焊缝中碳的质量分数增加时，还会促使硫发生偏析，从而增加焊缝金属的不均匀性。

14. 答：焊缝中磷的危害表现在：

（1）增加钢的冷脆性。

（2）大幅度降低焊缝金属的冲击韧度，并使脆性转变温度升高。

（3）在焊接奥氏体类钢或焊缝碳的质量分数较高时，磷也促使形成热裂纹。

15. 答：合金化的目的是：

（1）补偿焊接过程中由于氧化、蒸发等原因造成的合金元素的损失。

（2）消除工艺缺陷，改善焊缝金属的组织和性能以及为了获得特殊性能的焊缝金属。

合金化方式有：

（1）应用合金焊丝。

（2）应用药芯焊丝或药芯焊条。

（3）应用合金药皮或烧结焊剂。

（4）应用合金粉末。

（5）应用置换反应。

16. 答：CO_2 气体保护焊的优点表现在：

（1）焊接成本低。

（2）生产效率高。

（3）焊后变形小，焊接应力小。

（4）焊接质量好。

（5）操作性能好。

（6）适用范围广。

17. 答：CO_2 气体保护焊防止飞溅产生的措施有：

（1）采用含有锰、硅脱氧元素的焊丝。

（2）采用直流电源反接极性。

（3）调节串入焊接回路的电感值，以限制电流增长速度。

（4）尽量采用短路过渡的熔滴过渡形式。

（5）选择合适的焊接参数。

18. 答：CO_2 气体保护焊的参数有：（1）电弧电压及焊接电流；（2）焊接回路电感；（3）焊接速度；（4）CO_2 气体流量；（5）CO_2 气体纯度；（6）焊丝伸出长度；

（7）电源极性。

19．答：在等离子弧焊接或切割时，等离子弧弧柱与喷嘴孔壁之间存在着由离子气所形成的冷气膜。冷气膜的存在，一方面起到绝热作用，可防止喷嘴因过热而烧坏。另一方面，隔断了喷嘴与弧柱间电的联系。当冷气膜被击穿遭到破坏时，绝热和绝缘作用消失，就会产生双弧现象。

20．答：机械压缩效应就是将电弧强制通过具有小孔径喷嘴的孔道，使电弧受到压缩，形成压缩电弧。

热压缩效应即当电弧通过水冷却的喷嘴，同时受到高速冷却气流的冷却作用，而使电弧中心电流密度急剧增加，电弧被压缩。

21．答：等离子弧采用转移弧焊割时，往往在正常的转移弧以外，又在喷嘴与焊件之间和电极与喷嘴之间，形成第二个集中的电弧，叫"双弧"现象。

22．答：在电极与喷嘴之间建立的等离子弧叫非转移弧。

在电极与工件之间建立的等离子弧叫转移弧。

把非转移弧（小弧）和转移弧（大弧）联合起来应用的一种等离子弧叫联合弧。

23．答：等离子弧切割的原理是以高温、高速的等离子弧为热源，将被切割件局部熔化，并利用压缩的高速气流的机械冲刷力，将已熔化的金属或非金属吹走而形成狭窄切口的过程。

24．答：等离子弧切割具有下述特点：

（1）可切割任何黑色金属、有色金属。

（2）采用非转移型弧，可切割非金属材料及混凝土、耐火砖等。

（3）由于等离子弧能量高度集中，所以切割速度快，生产效率高。

（4）切口光洁、平整，并且切口窄，热影响区小，变形小，切割质量好。

25．答：金属焊接性包括接合性能和使用性能。

接合性能即在一定的焊接工艺条件下，一定的金属形成焊接缺陷的敏感性。

使用性能是指在一定的焊接工艺条件下，一定金属的焊接接头对使用要求的适应性。

26．答：低合金高强度结构钢焊接时易出现的主要问题有：

（1）热影响区的淬硬倾向大。

（2）易出现焊接裂纹。

（3）热影响区脆化。

焊接工艺特点有：

（1）选择合适的焊条、焊丝及焊剂。

（2）焊前应预热。

（3）焊后热处理。

27．答：当温度升高时，碳在不锈钢晶粒内部的扩散速度大于铬的扩散速度，因为室温内碳在奥氏体中的溶解度仅为 0.02% ~0.03%，而一般奥氏体钢中碳的质量分数均超过 0.02% ~0.03%，所以多余的碳就不断向奥氏体晶粒边界扩散，并与铬化合，在晶间形成碳化铬化合物，但是由于铬的扩散速度较小，来不及向晶界扩散，所以在晶间所形成的碳化铬所需的铬主要不是来自奥氏体内部,而是来自晶界附近,结果就使得晶界附近的含铬量大为减小;当晶界含铬量小于 10.5% 时,就在晶间形成了"贫铬区"。

28. 答:铁素体不锈钢焊接时的主要问题是:由于热影响区晶粒急剧长大,475℃ 脆性和 σ 相析出既会引起接头脆化,又会使冷裂倾向加大。

29. 答:(1)当定位焊靠近复层时,需适当控制电流,小些为好,以防止复层增碳现象。

(2)严格禁止用碳钢焊条焊到复层,以及用过渡层焊条焊在复层表面上。

(3)碳钢焊条的飞溅落到复层的坡口面上,要仔细清除干净。

(4)焊接电流应严格按照参数中的规定,不可随意变更。

(5)复层不锈钢焊接后,仍要进行酸洗和钝化处理;或复层焊缝区进行局部酸洗去掉褐色氧化膜的化学处理。

30. 答:产生白口的原因是:

(1)焊缝的冷却速度快,特别是在熔合线附近处的焊缝金属处是冷却最快的地方。

(2)由于焊材选择不当,而使焊缝中的石墨化元素含量不足。

31. 答:冷焊法特点是:焊前不预热,故焊后变形小,成本低,生产效率高,焊工劳动条件好。但冷焊法因冷却速度大,极易形成白口组织、裂纹等缺陷。焊后焊缝强度和颜色也与母材不同。

32. 答:热焊法是焊前将焊件全部或局部加热到 600 ~ 700℃,并在焊接过程中保持一定温度,焊后保温缓冷的一种焊接操作方法。热焊法由于预热温度较高,所以能有效地防止裂纹和白口。但热焊法成本高,工艺复杂、生产周期长、劳动条件差,因此很少采用。只有当缺陷部位刚性大而用冷焊易造成裂纹时才采用热焊。热焊时,采用大电流(焊接电流可为焊条直径的 50 倍)连续焊。

33. 答:铝及铝合金焊接时的主要问题有:易氧化;易产生气孔;易焊穿;易产生热裂纹;接头与母材不等强度。

34. 答:铜与铜合金焊接时的主要问题有:铜的氧化;气孔;热裂纹。

35. 答:因为在焊接过程中,焊件受到局部的、不均匀的加热和冷却,因此,焊接接头各部位金属热胀冷缩的程度不同。由于焊件本身是一个整体,各部位是互相联系、互相制约的,不能自由地伸长和缩短,所以在焊接过程中会产生应力和变形。

36. 答:焊接过程中,焊件产生的变形叫焊接变形。焊接变形的种类有:纵向收缩变形、横向收缩变形、弯曲变形、角变形、波浪变形、错边变形、扭曲变形。

37. 答:焊接过程中焊件内产生的应力叫焊接应力。焊接应力分为:温度应力、组织应力、凝缩应力。

38. 答:在焊接或焊补刚性很大的焊件时,选择构件的适当部位,进行加热使之伸长,然后再进行焊接,这样焊接残余应力可大大减小。这个加热部位叫做"减应区"。

39. 答:消除焊接残余应力的方法有:整体高温回火、局部高温回火、机械拉伸法、温差拉伸法、振动法。

40．答：焊后将焊件进行加载拉伸，产生与焊接残余压缩变形相反方向的拉伸塑性变形，使焊接残余压缩变形减小，因而残余应力也随之减小，这种方法叫机械拉伸法。

焊后在焊缝两侧用氧—乙炔焰加热使其膨胀，对温度较低的焊接区进行拉伸，以消除部分残余应力的方法叫温差拉伸法。

41．答：利用刚性固定法减少焊接残余变形应注意：

（1）刚性固定法不能完全消除焊接残余变形，而只能减少部分残余变形，因为当外加拘束去除后，焊件上仍会残留部分变形。

（2）刚性固定法将使焊接接头中产生较大的焊接应力，因此对于一些易裂材料应慎用。

42．答：焊缝和焊接接头的腐蚀试验分为晶间腐蚀、应力腐蚀、大气腐蚀和疲劳腐蚀等。

43．答：腐蚀试验的目的在于确定在给定的条件下，金属抗腐蚀的能力，估计产品的使用寿命，分析腐蚀原因，找出防止或延缓腐蚀的方法。

44．答：焊接接头非破坏性检验方法有：外观检验；密封性检验；耐压检验；渗透探伤；磁粉探伤；超声波探伤；射线探伤。

45．答：因为未经无损探伤的焊缝内部存在焊接缺陷，则在这些缺陷周围会形成应力集中；未经焊后热处理的焊件也有较大的焊接残余应力。两者在容器内进行水压试验时，和水压应力相叠加，容易导致容器破坏，所以，应先经无损探伤，确保焊缝内没有超标缺陷，或经焊后热处理，消除焊接残余应力后，再进行水压试验。

46．装配必须具备定位和夹紧两个基本条件。

47．答：影响加工余量的因素有：

（1）上工序的尺寸公差。

（2）上工序表面遗留的表面粗糙层深度和表面缺陷层的深度。

（3）上工序各表面间相互位置的误差。

（4）本工序的安装误差。

48．答：将自由电弧进行压缩，使其横截面减小，则电弧中的电流密度就大大提高，电离度也就随之增大，几乎达到全部等离子体状态的电弧叫做等离子弧。产生等离子弧受到机械压缩效应、热收缩效应及磁收缩效应。

49．答：激光切割是利用聚焦后的激光束作为热源的热切割方法。激光切割特点是：

（1）切割质量好。

（2）切割材料的种类多。

（3）切割效率高。

（4）非接触式加工。

（5）噪声低，污染小。

（6）设备费用高，一次性投资大，目前，主要用于中小厚度的板材和管材切割。

50．答：带极埋弧焊是用矩形截面的钢带取代圆形截面的焊丝作电极的一种高效埋弧焊方法。带极埋弧焊的特点是：

（1）采用比圆截面焊丝更大的电流，因此熔敷速度快、效率高。

（2）电弧的加热宽度增大，熔深浅、稀释率低，特别适合于堆焊。

（3）易于控制焊缝成形。

51．答：装配基准面的选择原则有：

（1）当零件的外形有平面也有曲面时，应选择平面作为装配基准面。

（2）在零件上有若干平面的情况下，应选择较大的平面作为装配基准面。

（3）根据零件的用途，选择最重要的面作为装配基准面。

（4）选择的装配基准面，要便于其他零件的定位和夹紧。

五、计算题

1．解：图Ⅱ—1a）中：

$$R_{ab} = （1+2）//3// （2+1） = 3//3//3$$
$$= 3 （\Omega）$$

图Ⅱ—1b）中：

$$R_{ab} = [（6//6） +5+2] // （6+4）$$
$$= [3+5+2] //10 = 10//10 = \frac{1}{2} \times 10$$
$$= 5 （\Omega）$$

答：等效电阻 R_{ab} 分别为 3 Ω 和 5 Ω。

2．解：因 A 接地，故 $U_A = 0$，

因 $E_1 + E_4 < E_2 + E_3$，故电流方向为逆时针。

$U_B = U_{BA} = E_1 = 12 （V）$

$U_C = U_{CA} = U_{CB} + U_B = IR_1 + U_B = \dfrac{E_2 + E_3 - E_1 - E_4}{R_1 + R_2 + R_3 + R_4}R_1 + U_B = \dfrac{9 + 18 - 12 - 13}{10 + 10 + 10 + 10} \times 10 + 12$

$\qquad = 0.3 \times 10 + 12 = 15 （V）$

$U_D = U_{DA} = U_{DC} + U_C = IR_2 + U_C = 0.3 \times 10 + 15 = 18 （V）$

$U_E = U_{EA} = U_{ED} + U_D = -E_2 + U_D = -9 + 18 = 9 （V）$

$U_F = U_{FA} = U_{FE} + U_E = -E_3 + U_E = -18 + 9 = -9 （V）$

$U_G = U_{GA} = U_{GF} + U_F = IR_3 + U_F = 0.3 \times 10 - 9 = -6 （V）$

$U_H = U_{HA} = -E_4 = -3 （V）$

答：A、B、C、D、E、F、G、H 点的电位分别为 0 V、12 V、15 V、18 V、9 V、−9 V、−6 V、−3 V。

3．解：由焊接热输入计算公式：

$$q = \frac{IU}{v}$$

已知：$I = 560$ A，$U = 36$ V

$\qquad v = 32$ m/h $= 0.89$ cm/s $= 8.9 \times 10^{-1}$ cm/s

代入公式得：

$$q = \frac{IU}{v} = \frac{560 \times 36}{8.9 \times 10^{-1}} = 22.65 （kJ/cm）$$

答：焊接时的热输入为 22.65 kJ/cm。

模拟试卷（一）

一、填空题

1. 碳在奥氏体中　2. 小；大　3. 非转移型　4. 熔滴过渡　5. 飞溅；气体保护效果；10～12　6. 焊接接头晶粒粗大　7. 金属材料对焊接加工的适应性　8. 高温强度；高温抗氧化　9. 刀状腐蚀　10. 机械力　11. 消除应力热处理后　12. 超声波　13. 较大　14. 白口；裂纹；气孔

二、选择题

1. D　2. A　3. B　4. D　5. C　6. C　7. A　8. A　9. C　10. D　11. C　12. A　13. C　14. A　15. D

三、判断题

1. √　2. ×　3. √　4. ×　5. ×　6. ×　7. ×　8. √　9. ×　10. √　11. ×　12. ×　13. √　14. ×　15. ×　16. ×　17. ×　18. ×　19. ×　20. ×

四、简答题

1. 答：影响C曲线形状和位置的因素有：（1）碳的质量分数；（2）合金元素；（3）加热温度和保温时间。

2. 答：描述焊接热循环的主要参数有：（1）加热速度；（2）加热所达到的最高温度；（3）在相变温度以上停留的时间；（4）冷却速度。

3. 答：熔化极氩弧焊控制系统的作用是：

（1）引弧之前预送保护气体，焊接停止时，延迟关闭气体。

（2）送丝控制和速度调节，包括焊丝的送进、回抽和停止，均匀调节送丝速度；并当网路电压波动时，能维持恒定的送丝速度。

（3）控制主回路的通断。

4. 答：金属材料对焊接加工的适应性和使用的可靠性，是指在一定的焊接工艺条件下，获得优质焊接接头的难易程度。

5. 答：防止晶间腐蚀的措施有：

（1）采用超低碳不锈钢。

（2）形成奥氏体加铁素体双相组织。

（3）添加稳定剂。

（4）常用固溶处理。

（5）进行均匀化处理。

（6）加大冷却速度。

6. 答：（1）由于灰铸铁的塑性接近零，抗拉强度又较低，当焊接时因局部快速加热和冷却，造成较大的内应力时，就容易造成裂纹。

（2）当焊缝处产生白口组织时，因白口组织硬而脆，且其冷却收缩率又比基本金属灰铸铁大得多，更促使焊缝金属在冷却时开裂。

7. 答：控制焊接残余变形的常用工艺措施有：

（1）选择合理的装配——焊接顺序。

（2）选择合理的焊接顺序。

（3）选择合理的焊接方法。

（4）反变形法。

（5）刚性固定法。

（6）选用适当的热输入。

（7）散热法。

（8）自重法。

8. 答：焊接性试验可以达到下述目的：

（1）选择适用于母材的焊接材料。

（2）确定合适的焊接参数。包括焊接电流、焊接速度、预热温度、层间温度、焊后缓冷以及热处理方面的要求。

（3）研究和发展新型材料。

五、计算题

解：根据碳当量计算得：$C_E = C + Mn/6 + (Cr + Mo + V)/5 + (Ni + Cu)/15$

$$= 0.24 + 0.25/5 + 0.25/15$$

$$= 0.31\%$$

由于碳当量 $C_E < 0.4\%$，所以焊接性优良，焊接时不需采用预热等特殊工艺措施。

答：Q245R 碳当量为 0.31%，此钢焊接性优良，焊接时不需采用预热等特殊工艺措施。

模拟试卷（二）

一、填空题

1. 各相的成分　2. $Ac_1 \sim Ac_3$；粗大铁素体和细小的铁素体加珠光体　3. −1.5
4. 焊接热循环　5. 不得低于 99.5%；0.98 MPa　6. 等速　7. 正火或正火加回火处理；冲击韧度　8. 阴极破碎　9. 降低冷却速度；增加焊缝石墨化元素
10. 三种不同的　11. 横向收缩变形在焊缝的厚度方向上分布不均匀　12. 评定母材焊接性　13. 焊接接头的表面缺陷　14. 各工序余量之和　15. 夹紧
16. 最后

二、选择题

1. B　2. C　3. D　4. D　5. B　6. B　7. C　8. B
9. D　10. D　11. D　12. A　13. C　14. B　15. A

三、判断题

1. ×　2. ×　3. ×　4. ×　5. ×　6. √　7. √　8. √

9. × 　　10. × 　　11. √ 　　12. √ 　　13. √ 　　14. × 　　15. × 　　16. √

17. × 　　18. × 　　19. × 　　20. √

四、简答题

1. 答：合金相图就是表示在极慢的冷却条件下，合金组织与温度及成分之间的图表。合金相图的意义表现在：

（1）可以了解某种合金在某一温度下形成的某种组织和各相的成分等。

（2）是讨论合金在实际生产中组织变化的基础。

（3）对合金的热加工（包括铸造、锻造、焊接等）工艺参数的确定有重要的指导意义。

2. 答：焊缝金属由液态转变为固态的凝固过程，称为焊缝金属的一次结晶。一次结晶的特点是：

（1）熔池的体积小，冷却速度大。

（2）熔池中的液态金属处于过热状态。

（3）熔池是在运动状态下结晶。

3. 答：CO_2 气体保护焊，产生飞溅的原因有：

（1）熔滴过渡时，高温下的 CO_2 气体，从熔滴中急剧膨胀逸出造成飞溅。

（2）熔滴在极点压力的作用下，形成飞溅。

（3）熔滴在短路过渡时，短路电流增长太大，熔滴过热而引起飞溅。

4. 答：电渣焊工艺具有下述特点：

（1）大厚度焊件可一次焊成，且不开坡口，通常用于焊接 40 ~ 2 000 mm 厚度的焊件。

（2）焊缝缺陷小，焊缝含氢量少，不易产生气孔、夹渣及裂纹等缺陷。

（3）成本低。焊丝与焊剂消耗量少，焊件越厚，成本相对越低。

（4）焊接接头晶粒粗大，从而降低了接头的塑性与冲击韧度。

5. 答：防止奥氏体不锈钢产生热裂纹的措施有：

（1）使焊缝形成奥氏体 + 铁素体双相组织；但铁素体含量不超过 5% 为宜。

（2）严格控制焊缝中的 P、S 等杂质。

（3）控制焊缝金属化学成分；适量增加铬、钼、锰等元素。

（4）在焊接工艺上，采用碱性焊条，用小电流、快速焊，快速冷却等工艺措施。

6. 答：（1）焊前应彻底去除油污，裂纹两端打上止裂孔，坡口形状要便于焊补及减少焊件的熔化量。

（2）采用钢芯或铸铁芯以外的焊条时，小直径焊条应尽量用小的焊接电流，以减少内应力和热影响区宽度。

（3）采用短焊缝焊接法。一般每次焊 10 ~ 40 mm，待其充分冷却后再焊。

（4）采用分段退焊法，可大大降低拉应力，对防裂有好处。

（5）每焊一短焊道后，立即用圆头锤快速锤击焊缝。

7. 答：（1）采用合理的焊接顺序和方向：

1）先焊收缩量较大的焊缝，使焊缝能较自由地收缩。

2）先焊错开的短焊缝，后焊直通长焊缝。

3）先焊工作时受力较大的焊缝，使内应力合理分布。

（2）降低局部刚性。

（3）锤击焊缝区法。

（4）预热法。

（5）加热减应区法。

8．答：将水或油或气等介质充入容器内，徐徐加压，以检查其泄漏、耐压、破坏等的试验叫耐压试验。耐压试验可以检查受压元件中焊接接头穿透性缺陷，检查受压元件中焊接接头结构的强度，降低焊接应力。

五、计算题

解：由图Ⅲ—3 标注的焊缝符号可知，此焊缝为三面角焊缝，焊缝长度为：

$$L = 1\,800 + 200 + 200 = 2\,200 \text{ mm}$$

因此 焊条消耗量 $= 0.75 \times 2.2 = 1.65$ kg。

答：焊缝长度为 2 200 mm，焊条消耗量为 1.65 kg。

中级焊工技能操作考核试题及评分标准

试题1 低碳钢管板插入式水平固定焊条电弧焊

1. 材料要求

（1）试件材料、尺寸：20 钢，$\phi 60$ mm × 100 mm × 5 mm 一件，Q235 - A、100 mm × 100 mm × 12 mm 一件，焊件及技术要求如图 2—1 所示。

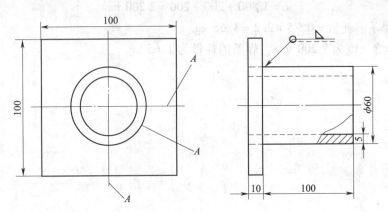

技术要求
1. 具有一定的熔深。
2. 组对严密，管板相互垂直。
3. 试件离地面高度自定。
4. A 为宏观金相检查面

图 2—1　低碳钢管板插入式水平固定焊试件图

（2）焊材与母材相匹配，建议选用 E4303（E4315），$\phi 2.5$、$\phi 3.2$ mm 焊条。

2. 考核要求

（1）焊条必须按要求规定烘干，随用随取。

（2）焊前清理待焊部位，露出金属光泽。

（3）试件的空间位置符合管板水平固定焊要求。

（4）试件一经施焊不得任意改变焊接位置。

（5）焊缝表面清理干净，并保持焊缝原始状态。

（6）试件应仿照时钟位置打上焊接位置的钟点记号，定位焊不得在 6 点处。

（7）焊接操作时间为 30 min。

3. 评分标准

评分标准见表 2—1。

表 2—1　　　　　　　　　　　　　评 分 标 准

序号	考核内容	考核要点	配分	评分标准	检测结果	扣分	得分
1	焊前准备	劳保着装及工具准备齐全,并符合要求,参数设置、设备调试正确	5	劳保着装不符合要求,参数设置、设备调试不正确有一项扣1分			
2	焊接操作	试件固定的空间位置符合要求	10	试件固定的空间位置超出规定范围不得分			
3	焊缝外观	焊缝表面不允许有焊瘤、气孔、夹渣	10	出现任何一种缺陷不得分			
		焊缝咬边深度≤0.5 mm,两侧咬边总长不超过焊缝有效长度的15%	10	焊缝咬边深度≤0.5 mm,累计长度每5 mm扣1分,累计长度超过焊缝有效长度的15%不得分;咬边深度>0.5 mm不得分			
		焊缝凹凸度≤1.5 mm	10	超标不得分			
		焊脚$K=\delta+(0\sim3)$ mm	10	每种超一处扣5分,扣完为止			
		焊缝成形美观,纹理均匀、细密,高低宽窄一致	5	焊缝平整,焊纹不均匀,扣2分;外观成形一般,焊缝平直,局部高低、宽窄不一致扣3分;焊缝弯曲,高低宽窄明显不得分			
		管板之间夹角90°±2°	5	超差不得分			
4	宏观金相	根部熔深≥0.5 mm	10	根部熔深<0.5 mm时不得分			
		条状缺陷	10	尺寸≤0.5 mm,数量不多于3个时,每个扣1分,数量超过3个,不得分;尺寸>0.5 mm且≤1.5 mm,数量不多于1个时,扣5分,数量多于1个时,不得分;尺寸>1.5 mm时不得分			
		点状缺陷	10	尺寸≤0.5 mm,数量不多于3个时,每个扣2分,数量超过3个,不得分;尺寸>0.5 mm且≤1.5 mm,数量不多于1个时,扣5分,数量多于1个时,不得分;尺寸>1.5 mm时不得分			
5	其他	安全文明生产	5	设备、工具复位,试件、场地清理干净,有一处不符合要求扣1分			
6	定额	操作时间		超时停止操作			
	合计		100				

否定项:1. 焊缝表面存在裂纹、未熔合及烧穿缺陷。2. 焊接操作时任意更改试件焊接位置。3. 焊缝原始表面被破坏。4. 焊接时间超出定额。

试题 2 低碳钢管板垂直固定骑座式俯位焊条电弧焊

1. 材料要求

（1）试件材料、尺寸：20 钢、ϕ60 mm×100 mm×5 mm 一件，Q235-A、100 mm ×100 mm×12 mm 一件，焊件及技术要求如图2—2所示。

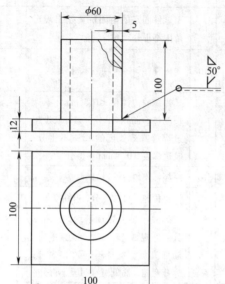

技术要求
1. 根部要焊透。
2. 组对严密，管板相互垂直。
3. 试件离地面高度自定。

图2—2 低碳钢管板垂直固定骑座式俯位焊试件图

（2）焊材与母材相匹配，建议选用 E4303（E4315），ϕ2.5、ϕ3.2 mm 焊条。

2. 考核要求

（1）焊条必须按要求规定烘干，随用随取。

（2）焊前清理待焊部位，露出金属光泽。

（3）试件的空间位置符合管板垂直固定俯位焊要求。

（4）试件一经施焊不得任意改变焊接位置。

（5）焊缝表面清理干净，并保持焊缝原始状态。

（6）焊接操作时间为 30 min。

3. 评分标准

评分标准见表2—2。

表2—2   评 分 标 准

序号	考核内容	考核要点	配分	评分标准	检测结果	扣分	得分
1	焊前准备	劳保着装及工具准备齐全，并符合要求，参数设置、设备调试正确	5	劳保着装不符合要求，参数设置、设备调试不正确有一项扣1分			

续表

序号	考核内容	考核要点	配分	评分标准	检测结果	扣分	得分
2	焊接操作	试件固定的空间位置符合要求	10	试件固定的空间位置超出规定范围不得分			
3	焊缝外观	焊缝表面不允许有焊瘤、气孔、夹渣	10	出现任何一种缺陷不得分			
		焊缝咬边深度 ≤0.5 mm，两侧咬边总长不超过焊缝有效长度的15%	10	焊缝咬边深度 ≤0.5 mm，累计长度每5 mm扣1分，累计长度超过焊缝有效长度的15%不得分；咬边深度 >0.5 mm不得分			
		焊缝凹凸度 ≤1.5 mm	10	超标不得分			
		焊脚 $K = \delta + (3\sim5)$ mm	10	每种超一处扣5分，扣完为止			
		焊缝成形美观，纹理均匀、细密，高低宽窄一致	5	焊缝平整，焊纹不均匀，扣2分；外观成形一般，焊缝平直，局部高低、宽窄不一致扣3分；焊缝弯曲，高低宽窄明显不得分			
		管板之间夹角 90°±2°	5	超差不得分			
		未焊透深度 ≤15%δ	10	未焊透深度 ≤15%δ 时，未焊透累计长度每5 mm扣2分，未焊透深度 >15%δ 不得分			
		背面凹坑深度 ≤2 mm. 累计长度不超过焊缝长度的10%	10	背面凹坑深度 ≤2 mm，累计长度每5 mm扣2分，超焊缝长度的10%不得分			
4	通球	用直径等于0.85倍管内径的钢球进行通球试验	10	通球不合格不得分			
5	其他	安全文明生产	5	设备、工具复位，试件、场地清理干净，有一处不符合要求扣1分			
6	定额	操作时间		超时停止操作			
合计			100				

否定项：1. 焊缝表面存在裂纹、未熔合及烧穿缺陷。2. 焊接操作时任意更改试件焊接位置。3. 焊缝原始表面被破坏。4. 焊接时间超出定额。

试题3　低碳钢管板骑座式水平固定焊条电弧焊

1. 材料要求

（1）试件材料、尺寸：20钢、ϕ57 mm×100 mm×4 mm一件，Q235-A、100 mm×100 mm×12 mm一件，焊件及技术要求如图2—3所示。

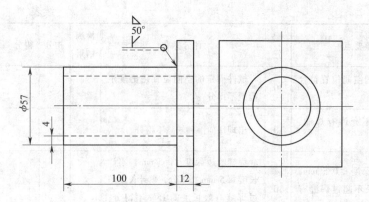

技术要求
1. 根部要焊透。
2. 组对严密，管板相互垂直。
3. 试件离地面高度自定。

图 2—3　低碳钢管板骑座式水平固定焊试件图

（2）焊材与母材相匹配，建议选用 E4303（E4315），ϕ2.5、ϕ3.2 mm 焊条。

2. 考核要求

（1）焊前清理坡口，露出金属光泽，焊丝除锈。

（2）试件的空间位置符合水平固定焊要求。

（3）试件一经施焊不得任意改变焊接位置。

（4）焊缝表面清理干净，并保持焊缝原始状态。

（5）试件应仿照时钟位置打上焊接位置的钟点记号，定位焊不得在 6 点处。

（6）焊接操作时间为 45 min。

3. 评分标准

评分标准见表 2—3。

表 2—3　　　　　　　　　　　评 分 标 准

序号	考核内容	考核要点	配分	评分标准	检测结果	扣分	得分
1	焊前准备	劳保着装及工具准备齐全，并符合要求，参数设置、设备调试正确	5	劳保着装不符合要求，参数设置、设备调试不正确有一项扣 1 分			
2	焊接操作	试件固定的空间位置符合要求	10	试件固定的空间位置超出规定范围不得分			
3	焊缝外观	焊缝表面不允许有焊瘤、气孔、夹渣	10	出现任何一种缺陷不得分			
		焊缝咬边深度≤0.5 mm，两侧咬边总长不超过焊缝有效长度的15%	10	焊缝咬边深度≤0.5 mm，累计长度每 5 mm 扣 1 分，累计长度超过焊缝有效长度的 15% 不得分；咬边深度 >0.5 mm 不得分			
		焊缝凹凸度≤1.5 mm	10	超标不得分			
		焊脚 $K = \delta + (3\sim5)$ mm	10	每种超一处扣 5 分，扣完为止			

序号	考核内容	考核要点	配分	评分标准	检测结果	扣分	得分
3	焊缝外观	焊缝成形美观，纹理均匀、细密，高低宽窄一致	5	焊缝平整，焊纹不均匀，扣 2 分；外观成形一般，焊缝平直，局部高低、宽窄不一致扣 3 分；焊缝弯曲，高低宽窄明显不得分			
		管板之间夹角 90°±2°	5	超差不得分			
		未焊透深度≤15%δ	10	未焊透深度≤15%δ 时，未焊透累计长度每 5 mm 扣 2 分，未焊透深度 >15%δ 不得分			
		背面凹坑深度≤2 mm. 累计长度不超过焊缝长度的 10%	10	背面凹坑深度≤2 mm，累计长度每 5 mm 扣 2 分，超焊缝长度的 10% 不得分			
4	通球	用直径等于 0.85 倍管内径的钢球进行通球试验	10	通球不合格不得分			
5	其他	安全文明生产	5	设备、工具复位，试件、场地清理干净，有一处不符合要求扣 1 分			
6	定额	操作时间		超时停止操作			
	合计		100				

否定项：1. 焊缝表面存在裂纹、未熔合及烧穿缺陷。2. 焊接操作时任意更改试件焊接位置。3. 焊缝原始表面被破坏。4. 焊接时间超出定额。

试题 4 低碳钢或低合金钢板 V 形坡口对接立位焊条电弧焊

1. 材料要求

（1）试件材料、尺寸：20 钢（Q235 - A）或 Q345（Q345R）、300 mm × 100 mm × 12 mm两件，焊件及技术要求如图 2—4 所示。

（2）焊材与母材相匹配，建议选用 E4303（E4315）或 E5015，ϕ3. 2 mm 焊条。

2. 考核要求

（1）焊条必须按要求规定烘干，随用随取。

（2）焊前清理坡口，露出金属光泽。

（3）试件的空间位置符合立焊要求。

（4）试件一经施焊不得任意改变焊接位置。

（5）焊缝表面清理干净，并保持焊缝原始状态。

（6）定位焊在试件背面两端 20 mm 范围内。

（7）焊接操作时间为 45 min。

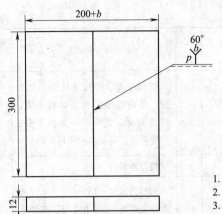

技术要求
1. 单面焊双面成形。
2. 钝边、间隙、反变形自定。
3. 试件离地面高度自定。

图 2—4 低碳钢或低合金钢板 V 形坡口对接立位焊试件图

3. 评分标准

评分标准见表 2—4。

表 2—4

评 分 标 准

序号	考核内容	考核要点	配分	评分标准	检测结果	扣分	得分
1	焊前准备	劳保着装及工具准备齐全，并符合要求，参数设置、设备调试正确	5	劳保着装不符合要求，参数设置、设备调试不正确有一项扣1分			
2	焊接操作	试件固定的空间位置符合要求	10	试件固定的空间位置超出规定范围不得分			
3	焊缝外观	焊缝表面不允许有焊瘤、气孔、夹渣	10	出现任何一种缺陷不得分			
		焊缝咬边深度≤0.5 mm，两侧咬边总长不超过焊缝有效长度的15%	8	焊缝咬边深度≤0.5 mm，累计长度每5 mm扣1分，累计长度超过焊缝有效长度的15%不得分；咬边深度>0.5 mm不得分			
		背面凹坑深度≤20%δ，且≤1 mm，累计长度不超过焊缝有效长度的10%	8	背面凹坑深度≤20%δ，且≤1 mm，累计长度每5 mm扣1分，累计长度超过焊缝有效长度的10%不得分；背面凹坑深度>1 mm不得分			
		焊缝余高0～3 mm，余高差≤2 mm；焊缝宽度比坡口每侧增宽0.5～2.5 mm，宽度差≤3 mm	10	每种尺寸超差一处扣2分，扣完为止			
		焊缝成形美观，纹理均匀、细密，高低宽窄一致	6	焊缝平整，焊纹不均匀，扣2分；外观成形一般，焊缝平直，局部高低、宽窄不一致扣3分；焊缝弯曲，高低宽窄明显不得分			
		错边≤10%δ	5	超差不得分			
		焊后角变形≤3°	3	超差不得分			

续表

序号	考核内容	考核要点	配分	评分标准	检测结果	扣分	得分
4	内部质量	X 射线探伤	30	Ⅰ级片不扣分，Ⅱ级片扣 10 分，Ⅲ级及以下不得分			
5	其他	安全文明生产	5	设备、工具复位，试件、场地清理干净，有一处不符合要求扣 1 分			
6	定额	操作时间		超时停止操作			
	合计		100				

否定项：1. 焊缝表面存在裂纹、未熔合及烧穿缺陷。2. 焊接操作时任意更改试件焊接位置。3. 焊缝原始表面被破坏。4. 焊接时间超出定额。

试题 5　低碳钢或低合金钢板 V 形坡口对接横位焊条电弧焊

1. 材料要求

（1）试件材料、尺寸：20 钢（Q235 - A）或 Q345（Q345R）、300 mm×100 mm×12 mm 两件，焊件及技术要求如图 2—5 所示。

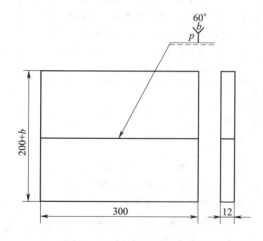

技术要求

1. 单面焊双面成形。
2. 钝边、间隙、反变形自定。
3. 试件离地面高度自定。

图 2—5　低碳钢或低合金钢板 V 形坡口对接横位焊试件图

（2）焊材与母材相匹配，建议选用 E4303（E4315）或 E5015，φ3.2 mm 焊条。

2. 考核要求

（1）焊条必须按要求规定烘干，随用随取。

（2）焊前清理坡口，露出金属光泽。

（3）试件的空间位置符合横焊要求。

（4）试件一经施焊不得任意改变焊接位置。

（5）焊缝表面清理干净，并保持焊缝原始状态。

（6）定位焊在试件背面两端 20 mm 范围内。

（7）焊接操作时间为 45 min。

3. 评分标准

评分标准见表 2—5。

表 2—5　　　　　　　　评 分 标 准

序号	考核内容	考核要点	配分	评分标准	检测结果	扣分	得分
1	焊前准备	劳保着装及工具准备齐全，符合要求，参数设置、设备调试正确	5	劳保着装不符合要求，参数设置、设备调试不正确有一项扣一分			
2	焊接操作	试件固定的空间位置符合要求	10	试件固定的空间位置超出规定范围不得分			
3	焊缝外观	焊缝表面不允许有焊瘤、气孔、夹渣	10	出现任何一种缺陷不得分			
		焊缝咬边深度≤0.5 mm，两侧咬边总长不超过焊缝有效长度的15%	8	焊缝咬边深度≤0.5 mm，累计长度每5 mm扣1分，累计长度超过焊缝有效长度的15%不得分；咬边深度>0.5 mm不得分			
		背面凹坑深度≤20%δ，且≤1 mm，累计长度不超过焊缝有效长度的10%	8	背面凹坑深度≤20%δ，且≤1 mm，累计长度每5 mm扣1分，累计长度超过焊缝有效长度的10%不得分；背面凹坑深度>1 mm不得分			
		焊缝余高0~3 mm，余高差≤2 mm；焊缝宽度比坡口每侧增宽0.5~2.5 mm，宽度差≤3 mm	10	每种尺寸超差一处扣2分，扣完为止			
		焊缝成形美观，纹理均匀、细密，高低宽窄一致	6	焊缝平整，焊纹不均匀，扣2分；外观成形一般，焊缝平直，局部高低、宽窄不一致扣3分；焊缝弯曲，高低宽窄明显不得分。			
		错边≤10%δ	5	超差不得分			
		焊后角变形≤3°	3	超差不得分			
4	内部质量	X射线探伤	30	Ⅰ级片不扣分，Ⅱ级片扣10分，Ⅲ级及以下不得分			
5	其他	安全文明生产	5	设备、工具复位，试件、场地清理干净，有一处不符合要求扣1分			
6	定额	操作时间		超时停止操作			
	合计		100				

否定项：1. 焊缝表面存在裂纹、未熔合及烧穿缺陷。2. 焊接操作时任意更改试件焊接位置。3. 焊缝原始表面被破坏。4. 焊接时间超出定额。

试题 6 低碳钢或低合金钢大直径管垂直固定焊条电弧焊

1. 材料要求

（1）试件材料、尺寸：20 钢或 Q345（Q345R）、$\phi114$ mm × 100 mm × 7 mm 两件，焊件及技术要求如图 2—6 所示。

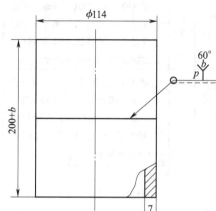

技术要求
1. 单面焊双面成形。
2. 钝边、间隙自定。
3. 试件离地面高度自定。

图 2—6 低碳钢或低合金钢大直径管垂直固定焊试件图

（2）焊材与母材相匹配，建议选用 E4303（E4315）或 E5015，$\phi2.5$、$\phi3.2$ mm 焊条。

2. 考核要求

（1）焊条必须按要求规定烘干，随用随取。

（2）焊前清理坡口，露出金属光泽。

（3）试件的空间位置符合管垂直固定焊要求。

（4）试件一经施焊不得任意改变焊接位置。

（5）焊缝表面清理干净，并保持焊缝原始状态。

（6）焊接操作时间为 45 min。

3. 评分标准

评分标准见表 2—6。

表 2—6　评 分 标 准

序号	考核内容	考核要点	配分	评分标准	检测结果	扣分	得分
1	焊前准备	劳保着装及工具准备齐全，并符合要求，参数设置、设备调试正确	5	劳保着装不符合要求，参数设置、设备调试不正确有一项扣 1 分			
2	焊接操作	试件固定的空间位置符合要求	10	试件固定的空间位置超出规定范围不得分			

续表

序号	考核内容	考核要点	配分	评分标准	检测结果	扣分	得分
3	焊缝外观	焊缝表面不允许有焊瘤、气孔、夹渣	10	出现任何一种缺陷不得分			
		焊缝咬边深度≤0.5 mm，两侧咬边总长不超过焊缝有效长度的15%	8	焊缝咬边深度≤0.5 mm，累计长度每5 mm扣1分，累计长度超过焊缝有效长度的15%不得分；咬边深度>0.5 mm不得分			
		背面凹坑深度≤20% δ，且≤1 mm，累计长度不超过焊缝有效长度的10%	8	背面凹坑深度≤20% δ，且≤1 mm，累计长度每5 mm扣1分，累计长度超过焊缝有效长度的10%不得分；背面凹坑深度>1 mm不得分			
		焊缝余高0~3 mm，余高差≤2 mm；焊缝宽度比坡口每侧增宽0.5~2.5 mm，宽度差≤3 mm	10	每种尺寸超差一处扣2分，扣完为止			
		焊缝成形美观，纹理均匀、细密，高低宽窄一致	6	焊缝平整，焊纹不均匀，扣2分；外观成形一般，焊缝平直，局部高低、宽窄不一致扣3分；焊缝弯曲，高低宽窄明显不得分			
		错边≤10% δ	5	超差不得分			
		焊后角变形≤3°	3	超差不得分			
4	内部质量	X射线探伤	30	Ⅰ级片不扣分，Ⅱ级片扣10分，Ⅲ级及以下不得分			
5	其他	安全文明生产	5	设备、工具复位，试件、场地清理干净，有一处不符合要求扣1分			
6	定额	操作时间		超时停止操作			
	合计		100				

否定项：1. 焊缝表面存在裂纹、未熔合及烧穿缺陷。2. 焊接操作时任意更改试件焊接位置。3. 焊缝原始表面被破坏。4. 焊接时间超出定额。

试题7 低碳钢或低合金钢大直径管水平固定焊条电弧焊

1. 材料要求

（1）试件材料、尺寸：20 或 Q345（Q345R）、ϕ108 mm×100 mm×8 mm 两件，焊件及技术要求如图2—7所示。

（2）焊材与母材相匹配，建议选用 E4303（E4315）或 E5015，ϕ2.5 mm、ϕ3.2 mm 焊条。

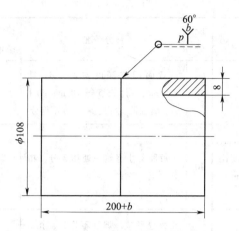

技术要求
1. 单面焊。
2. 钝边、间隙自定。
3. 试件离地面高度自定。

图 2—7　低碳钢或低合金钢大直径管水平固定焊试件图

2．考核要求

（1）焊条必须按要求规定烘干，随用随取。

（2）焊前清理坡口，露出金属光泽。

（3）试件的空间位置符合管水平固定焊要求。

（4）试件一经施焊不得任意改变焊接位置。

（5）焊缝表面清理干净，并保持焊缝原始状态。

（6）试件应仿照时钟位置打上焊接位置的钟点记号，定位焊不得在 6 点处。

（7）焊接操作时间为 45 min。

3．评分标准

评分标准见表 2—7。

表 2—7　　　　　　　　　　　　评 分 标 准

序号	考核内容	考核要点	配分	评分标准	检测结果	扣分	得分
1	焊前准备	劳保着装及工具准备齐全，并符合要求，参数设置、设备调试正确	5	劳保着装不符合要求，参数设置、设备调试不正确有一项扣 1 分			
2	焊接操作	试件固定的空间位置符合要求	10	试件固定的空间位置超出规定范围不得分			
3	焊缝外观	焊缝表面不允许有焊瘤、气孔、夹渣	10	出现任何一种缺陷不得分			
		焊缝咬边深度 ≤0.5 mm，两侧咬边总长不超过焊缝有效长度的 15%	8	焊缝咬边深度 ≤0.5 mm，累计长度每 5 mm 扣 1 分，累计长度超过焊缝有效长度的 15% 不得分；咬边深度 >0.5 mm 不得分			

续表

序号	考核内容	考核要点	配分	评分标准	检测结果	扣分	得分
3	焊缝外观	背面凹坑深度≤25%δ，且≤1 mm。	8	背面凹坑深度≤25%δ，且≤1 mm，累计长度每10 mm扣1分；背面凹坑深度>1 mm不得分			
		正面焊缝余高0~3 mm，余高差≤2 mm；焊缝宽度比坡口每侧增宽0.5~2.5 mm，宽度差≤3 mm	10	每种尺寸超差一处扣2分，扣完为止			
		焊缝成形美观，纹理均匀、细密，高低宽窄一致	6	焊缝平整，焊纹不均匀，扣2分；外观成形一般，焊缝平直，局部高低、宽窄不一致扣3分；焊缝弯曲，高低宽窄明显不得分			
		错边≤10%δ	5	超差不得分			
		焊后角变形≤3°	3	超差不得分			
4	内部质量	X射线探伤	30	Ⅰ级片不扣分，Ⅱ级片扣10分，Ⅲ级片扣20分，Ⅳ级不得分			
5	其他	安全文明生产	5	设备、工具复位，试件、场地清理干净，有一处不符合要求扣1分			
6	定额	操作时间		超时停止操作			
合计			100				

否定项：1. 焊缝表面存在裂纹、未熔合及烧穿缺陷。2. 焊接操作时任意更改试件焊接位置。3. 焊缝原始表面被破坏。4. 焊接时间超出定额。

试题8 低碳钢或低合金钢管45°固定焊条电弧焊

1. 材料要求

（1）试件材料、尺寸：20钢或Q345（Q345R）、ϕ60 mm×100 mm×5 mm两件，焊件及技术要求如图2—8所示。

（2）焊材与母材相匹配，建议选用E4303（E4315）或E5015，ϕ2.5 mm、ϕ3.2 mm焊条。

2. 考核要求

（1）焊前清理坡口，露出金属光泽，焊丝除锈。

（2）试件的空间位置符合45°固定焊要求。

（3）试件一经施焊不得任意改变焊接位置。

（4）焊缝表面清理干净，并保持焊缝原始状态。

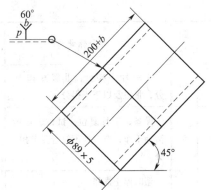

技术要求
1. 单面焊双面成形。
2. 钝边、间隙自定。
3. 试件离地面高度自定。

图 2—8　低碳钢和低合金钢管 45°固定焊试件图

（5）试件应仿照时钟位置打上焊接位置的钟点记号，定位焊不得在 6 点处。

（6）焊接操作时间为 45 min。

3. 评分标准

评分标准见表 2—8。

表 2—8　　　　　　　　　　　评 分 标 准

序号	考核内容	考核要点	配分	评分标准	检测结果	扣分	得分
1	焊前准备	劳保着装及工具准备齐全，并符合要求，参数设置、设备调试正确	5	劳保着装不符合要求，参数设置、设备调试不正确一项扣1分			
2	焊接操作	试件固定的空间位置符合要求	10	试件固定的空间位置超出规定范围不得分			
3	焊缝外观	焊缝表面不允许有焊瘤、气孔、夹渣	10	出现任何一种缺陷不得分			
		焊缝咬边深度≤0.5 mm，两侧咬边总长不超过焊缝有效长度的15%	10	焊缝咬边深度≤0.5 mm，累计长度每5 mm扣1分，累计长度超过焊缝有效长度的15%不得分；咬边深度>0.5 mm不得分			
		用直径等于0.85倍管内径的钢球进行通球试验	10	通球不合格不得分			
		焊缝余高0～3 mm，余高差≤2 mm；焊缝宽度比坡口每侧增宽0.5～2.5 mm，宽度差≤3 mm	10	每种尺寸超差一处扣2分，扣完为止			
		焊缝成形美观，纹理均匀、细密，高低宽窄一致	6	焊缝平整，焊纹不均匀，扣2分；外观成形一般，焊缝平直，局部高低、宽窄不一致扣4分；焊缝弯曲，高低宽窄明显不得分			
		焊后角变形≤3°	4	超差不得分			

序号	考核内容	考核要点	配分	评分标准	检测结果	扣分	得分
4	内部质量	X射线探伤	30	Ⅰ级片不扣分，Ⅱ级片扣10分，Ⅲ级及以下不得分			
5	其他	安全文明生产	5	设备、工具复位，试件、场地清理干净，有一处不符合要求扣1分			
6	定额	操作时间		超时停止操作			
	合计		100				

否定项：1. 焊缝表面存在裂纹、未熔合及烧穿缺陷。2. 焊接操作时任意更改试件焊接位置。3. 焊缝原始表面被破坏。4. 焊接时间超出定额。

试题9 低碳钢（低合金钢）V形坡口对接立位 CO_2（MAG）焊

1. 材料要求

（1）试件材料、尺寸：Q235-A（Q345、Q345R）、300 mm×100 mm×12 mm 两件，焊件及技术要求如图2—9所示。

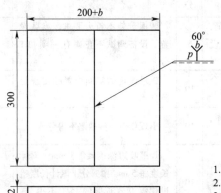

技术要求
1. 单面焊双面成形。
2. 钝边、间隙、反变形自定。
3. 试件离地面高度自定。

图2—9 低碳钢（低合金钢）板V形坡口对接立位焊试件图

（2）焊材与母材相匹配，建议选用 ER50-6 或 ER49-1（HO8Mn2SiA）、$\phi1.0$ mm 或 $\phi1.2$ mm 焊丝，100% CO_2 气体或（80% Ar+20% CO_2）气体。

2. 考核要求

（1）焊前清理坡口，露出金属光泽，焊丝除锈。

（2）试件的空间位置符合立焊要求。

（3）试件一经施焊不得任意改变焊接位置。

（4）焊缝表面清理干净，并保持焊缝原始状态。

（5）定位焊在试件背面两端20 mm 范围内。

（6）焊接操作时间为 45 min。

3. 评分标准

评分标准见表 2—9。

表 2—9 评 分 标 准

序号	考核内容	考核要点	配分	评分标准	检测结果	扣分	得分
1	焊前准备	劳保着装及工具准备齐全，并符合要求，参数设置、设备调试正确	5	劳保着装不符合要求，参数设置、设备调试不正确有一项扣1分			
2	焊接操作	试件固定的空间位置符合要求	10	试件固定的空间位置超出规定范围不得分			
3	焊缝外观	焊缝表面不允许有焊瘤、气孔、夹渣	10	出现任何一种缺陷不得分			
		焊缝咬边深度≤0.5 mm，两侧咬边总长不超过焊缝有效长度的15%	8	焊缝咬边深度≤0.5 mm，累计长度每5 mm扣1分，累计长度超过焊缝有效长度的15%不得分；咬边深度>0.5 mm不得分			
		背面凹坑深度≤20%δ，且≤1 mm，累计长度不超过焊缝有效长度的10%	8	背面凹坑深度≤20%δ，且≤1 mm，累计长度每5 mm扣1分，累计长度超过焊缝有效长度的10%不得分；背面凹坑深度>1 mm不得分			
		焊缝余高0～3 mm，余高差≤2 mm；焊缝宽度比坡口每侧增宽0.5～2.5 mm，宽度差≤3 mm	10	每种尺寸超差一处扣2分，扣完为止			
		焊缝成形美观，纹理均匀、细密，高低宽窄一致	6	焊缝平整，焊纹不均匀，扣2分；外观成形一般，焊缝平直，局部高低、宽窄不一致扣3分；焊缝弯曲，高低宽窄明显不得分			
		错边≤10%δ	5	超差不得分			
		焊后角变形≤3°	3	超差不得分			
4	内部质量	X射线探伤	30	Ⅰ级片不扣分，Ⅱ级片扣10分，Ⅲ级及以下不得分			
5	其他	安全文明生产	5	设备、工具复位，试件、场地清理干净，有一处不符合要求扣1分			
6	定额	操作时间		超时停止操作			
	合计		100				

否定项：1. 焊缝表面存在裂纹、未熔合及烧穿缺陷。2. 焊接操作时任意更改试件焊接位置。3. 焊缝原始表面被破坏。4. 焊接时间超出定额。

试题 10　低碳钢（低合金钢）V 形坡口对接横位 CO₂（MAG）焊

1. 材料要求

（1）试件材料、尺寸：Q235 – A（Q345、Q345R）、300 mm × 100 mm × 12 mm 两件，焊件及技术要求如图 2—10 所示。

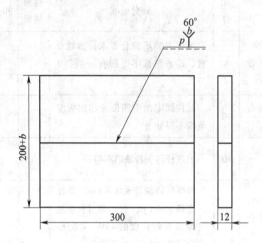

技术要求
1. 单面焊双面成形。
2. 钝边、间隙、反变形自定。
3. 试件离地面高度自定。

图 2—10　低碳钢（低合金钢）板 V 形坡口对接横位焊试件图

（2）焊材与母材相匹配，建议选用 ER50 – 6 或 ER49 – 1（HO8Mn2SiA）、ϕ1. 0 mm 或 ϕ1. 2 mm 焊丝，100% CO_2 气体或（80% Ar + 20% CO_2）气体。

2. 考核要求

（1）焊前清理坡口，露出金属光泽，焊丝除锈。

（2）试件的空间位置符合横焊要求。

（3）试件一经施焊不得任意改变焊接位置。

（4）焊缝表面清理干净，并保持焊缝原始状态。

（5）定位焊在试件背面两端 20 mm 范围内。

（6）焊接操作时间为 45 min。

3. 评分标准

评分标准见表 2—10。

表 2—10　　　　　　　　　　　　　评　分　标　准

序号	考核内容	考核要点	配分	评分标准	检测结果	扣分	得分
1	焊前准备	劳保着装及工具准备齐全，并符合要求，参数设置、设备调试正确	5	劳保着装不符合要求，参数设置、设备调试不正确有一项扣 1 分			
2	焊接操作	试件固定的空间位置符合要求	10	试件固定的空间位置超出规定范围不得分			

续表

序号	考核内容	考核要点	配分	评分标准	检测结果	扣分	得分
3	焊缝外观	焊缝表面不允许有焊瘤、气孔、夹渣	10	出现任何一种缺陷不得分			
		焊缝咬边深度≤0.5 mm，两侧咬边总长不超过焊缝有效长度的15%	8	焊缝咬边深度≤0.5 mm，累计长度每5 mm扣1分，累计长度超过焊缝有效长度的15%不得分；咬边深度>0.5 mm不得分			
		背面凹坑深度≤20%δ，且≤1 mm，累计长度不超过焊缝有效长度的10%	8	背面凹坑深度≤20%δ，且≤1 mm，累计长度每5 mm扣1分，累计长度超过焊缝有效长度的10%不得分；背面凹坑深度>1 mm不得分			
		焊缝余高0~3 mm，余高差≤2 mm；焊缝宽度比坡口每侧增宽0.5~2.5 mm，宽度差≤3 mm	10	每种尺寸超差一处扣2分，扣完为止			
		焊缝成形美观，纹理均匀、细密，高低宽窄一致	6	焊缝平整，焊纹不均匀，扣2分；外观成形一般，焊缝平直，局部高低、宽窄不一致扣3分；焊缝弯曲，高低宽窄明显不得分			
		错边≤10%δ	5	超差不得分			
		焊后角变形≤3°	3	超差不得分			
4	内部质量	X射线探伤	30	Ⅰ级片不扣分，Ⅱ级片扣10分，Ⅲ级及以下不得分			
5	其他	安全文明生产	5	设备、工具复位，试件、场地清理干净，有一处不符合要求扣1分			
6	定额	操作时间		超时停止操作			
合计			100				

否定项：1. 焊缝表面存在裂纹、未熔合及烧穿缺陷。2. 焊接操作时任意更改试件焊接位置。3. 焊缝原始表面被破坏。4. 焊接时间超出定额。

试题 11　低碳钢（低合金钢）大直径管垂直固定 CO_2（MAG）焊

1. 材料要求

（1）试件材料、尺寸：20钢（Q345）、ϕ133 mm×100 mm×10 mm 两件，焊件及技术要求如图2—11所示。

（2）焊材与母材相匹配，建议选用ER50-6或ER49-1（HO8Mn2SiA）、ϕ1.0 mm 或 ϕ1.2 mm 焊丝，100% CO_2 气体或（80% Ar + 20% CO_2）气体。

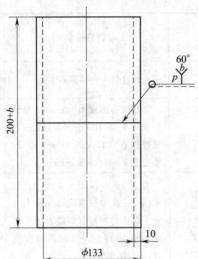

技术要求
1. 单面焊双面成形。
2. 钝边、间隙、反变形自定。
3. 试件离地面高度自定。

图2—11　低碳钢（低合金钢）大直径管垂直固定焊试件图

2. 考核要求

（1）焊前清理坡口，露出金属光泽，焊丝除锈。

（2）试件的空间位置符合垂直固定焊要求。

（3）试件一经施焊不得任意改变焊接位置。

（4）焊缝表面清理干净，并保持焊缝原始状态。

（5）焊接操作时间为 60 min。

3. 评分标准

评分标准见表2—11。

表 2—11　　　　　　　　　　　评 分 标 准

序号	考核内容	考核要点	配分	评分标准	检测结果	扣分	得分
1	焊前准备	劳保着装及工具准备齐全，并符合要求，参数设置、设备调试正确	5	劳保着装不符合要求，参数设置、设备调试不正确有一项扣1分			
2	焊接操作	试件固定的空间位置符合要求	10	试件固定的空间位置超出规定范围不得分			
3	焊缝外观	焊缝表面不允许有焊瘤、气孔、夹渣	10	出现任何一种缺陷不得分			
		焊缝咬边深度≤0.5 mm，两侧咬边总长不超过焊缝有效长度的15%	8	焊缝咬边深度≤0.5 mm，累计长度每5 mm扣1分，累计长度超过焊缝有效长度的15%不得分；咬边深度>0.5 mm不得分			

序号	考核内容	考核要点	配分	评分标准	检测结果	扣分	得分
3	焊缝外观	背面凹坑深度≤20%δ，且≤1 mm，累计长度不超过焊缝有效长度的10%	8	背面凹坑深度≤20%δ，且≤1 mm，累计长度每5 mm扣1分，累计长度超过焊缝有效长度的10%不得分；背面凹坑深度>1 mm不得分			
		焊缝余高0~3 mm，余高差≤2 mm；焊缝宽度比坡口每侧增宽0.5~2.5 mm，宽度差≤3 mm	10	每种尺寸超差一处扣2分，扣完为止			
		焊缝成形美观，纹理均匀、细密，高低宽窄一致	6	焊缝平整，焊纹不均匀，扣2分；外观成形一般，焊缝平直，局部高低、宽窄不一致扣3分；焊缝弯曲，高低宽窄明显不得分			
		错边≤10%δ	5	超差不得分			
		焊后角变形≤3°	3	超差不得分			
4	内部质量	X射线探伤	30	Ⅰ级片不扣分，Ⅱ级片扣10分，Ⅲ级及以下不得分			
5	其他	安全文明生产	5	设备、工具复位，试件、场地清理干净，有一处不符合要求扣1分			
6	定额	操作时间		超时停止操作			
	合计		100				

否定项：1. 焊缝表面存在裂纹、未熔合及烧穿缺陷。2. 焊接操作时任意更改试件焊接位置。3. 焊缝原始表面被破坏。4. 焊接时间超出定额。

试题 12　低碳钢（低合金钢）大直径管水平固定 CO_2（MAG）焊

1. 材料要求

（1）试件材料、尺寸：20钢（Q345）、$\phi108$ mm×100 mm×8 mm两件，焊件及技术要求如图2—12所示。

（2）焊材与母材相匹配，建议选用ER50-6或ER49-1（HO8Mn2SiA）、$\phi1.0$ mm或$\phi1.2$ mm焊丝，100% CO_2气体或（80% Ar + 20% CO_2）气体。

2. 考核要求

（1）焊前清理坡口，露出金属光泽，焊丝除锈。

（2）试件的空间位置符合水平固定焊要求。

（3）试件一经施焊不得任意改变焊接位置。

（4）焊缝表面清理干净，并保持焊缝原始状态。

（5）试件应仿照时钟位置打上焊接位置的钟点记号，定位焊不得在6点处。

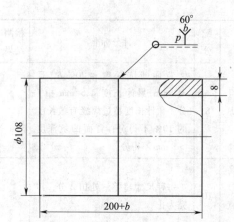

技术要求

1. 单面焊双面成形。
2. 钝边、间隙、反变形自定。
3. 试件离地面高度自定。

图2—12　低碳钢（低合金钢）大直径管水平固定焊试件图

（6）焊接操作时间为 60 min。

3. 评分标准

评分标准见表2—12。

表2—12　　　　　　　　　　　评 分 标 准

序号	考核内容	考核要点	配分	评分标准	检测结果	扣分	得分
1	焊前准备	劳保着装及工具准备齐全，并符合要求，参数设置、设备调试正确	5	劳保着装不符合要求，参数设置、设备调试不正确有一项扣1分			
2	焊接操作	试件固定的空间位置符合要求	10	试件固定的空间位置超出规定范围不得分			
3	焊缝外观	焊缝表面不允许有焊瘤、气孔、夹渣	10	出现任何一种缺陷不得分			
		焊缝咬边深度≤0.5 mm，两侧咬边总长不超过焊缝有效长度的15%	8	焊缝咬边深度≤0.5 mm，累计长度每5 mm扣1分，累计长度超过焊缝有效长度的15%不得分；咬边深度>0.5 mm不得分			
		背面凹坑深度≤20%δ，且≤1 mm，累计长度不超过焊缝有效长度的10%	8	背面凹坑深度≤20%δ，且≤1 mm，累计长度每5 mm扣1分，累计长度超过焊缝有效长度的10%不得分；背面凹坑深度>1 mm不得分			
		焊缝余高0～3 mm，余高差≤2 mm；焊缝宽度比坡口每侧增宽0.5～2.5 mm，宽度差≤3 mm	10	每种尺寸超差一处扣2分，扣完为止			

续表

序号	考核内容	考核要点	配分	评分标准	检测结果	扣分	得分
3	焊缝外观	焊缝成形美观，纹理均匀、细密，高低宽窄一致	6	焊缝平整，焊纹不均匀，扣2分；外观成形一般，焊缝平直，局部高低、宽窄不一致扣3分；焊缝弯曲，高低宽窄明显不得分			
		错边≤10%δ	5	超差不得分			
		焊后角变形≤3°	3	超差不得分			
4	内部质量	X射线探伤	30	Ⅰ级片不扣分，Ⅱ级片扣10分，Ⅲ级及以下不得分			
5	其他	安全文明生产	5	设备、工具复位，试件、场地清理干净，有一处不符合要求扣1分			
6	定额	操作时间		超时停止操作			
	合计		100				

否定项：1. 焊缝表面存在裂纹、未熔合及烧穿缺陷。2. 焊接操作时任意更改试件焊接位置。3. 焊缝原始表面被破坏。4. 焊接时间超出定额。

试题 13　低碳钢（低合金钢）管板骑座式垂直固定俯位 CO_2（MAG）焊

1. 材料要求

（1）试件材料、尺寸：（1）试件材料、尺寸：20 钢（Q345）、$\phi 57$ mm × 100 mm × 4 mm 一件，Q235 – A（Q345R）、100 mm × 100 mm × 12 mm 一件，焊件及技术要求如图 2—13 所示。

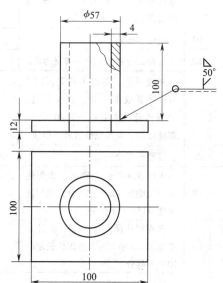

技术要求
1. 根部要焊透。
2. 组对严密，管板相互垂直。
3. 试件离地面高度自定。

图 2—13　低碳钢（低合金钢）管板骑座式垂直固定焊试件图

（2）焊材与母材相匹配，建议选用 ER50 - 6、ER49 - 1（HO8Mn2SiA）、$\phi1.0$ mm 或 $\phi1.2$ mm 焊丝，100% CO_2 气体或（80% Ar + 20% CO_2）气体。

2. 考核要求

（1）焊前清理坡口，露出金属光泽，焊丝除锈。

（2）试件的空间位置符合垂直固定焊要求。

（3）试件一经施焊不得任意改变焊接位置。

（4）焊缝表面清理干净，并保持焊缝原始状态。

（5）焊接操作时间为 45 min。

3. 评分标准

评分标准见表 2—13。

表 2—13　　　　　　　　　评 分 标 准

序号	考核内容	考核要点	配分	评分标准	检测结果	扣分	得分
1	焊前准备	劳保着装及工具准备齐全，并符合要求，参数设置、设备调试正确	5	劳保着装不符合要求，参数设置、设备调试不正确有一项扣1分			
2	焊接操作	试件固定的空间位置符合要求	10	试件固定的空间位置超出规定范围不得分			
3	焊缝外观	焊缝表面不允许有焊瘤、气孔、夹渣	10	出现任何一种缺陷不得分			
		焊缝咬边深度≤0.5 mm，两侧咬边总长不超过焊缝有效长度的15%	10	焊缝咬边深度≤0.5 mm，累计长度每5 mm扣1分，累计长度超过焊缝有效长度的15%不得分；咬边深度>0.5 mm不得分			
		焊缝凹凸度≤1.5 mm	10	超标不得分			
		焊脚 $K = \delta +$（3～5）mm	10	每种超一处扣5分，扣完为止。			
		焊缝成形美观，纹理均匀、细密，高低宽窄一致	5	焊缝平整，焊纹不均匀，扣2分；外观成形一般，焊缝平直、局部高低、宽窄不一致扣3分；焊缝弯曲，高低宽窄明显不得分			
		管板之间夹角90°±2°	5	超差不得分			
		未焊透深度≤15%δ	10	未焊透深度≤15%δ时，未焊透累计长度每5 mm扣2分，未焊透深度>15%δ不得分			
		背面凹坑深度≤2 mm，累计长度不超过焊缝长度的10%	10	背面凹坑深度≤2 mm，累计长度每5 mm扣2分，超焊缝长度的10%不得分			
4	通球	用直径等于0.85倍管内径的钢球进行通球试验	10	通球不合格不得分			

续表

序号	考核内容	考核要点	配分	评分标准	检测结果	扣分	得分
5	其他	安全文明生产	5	设备、工具复位，试件、场地清理干净，有一处不符合要求扣1分			
6	定额	操作时间		超时停止操作			
合计			100				

否定项：1. 焊缝表面存在裂纹、未熔合及烧穿缺陷。2. 焊接操作时任意更改试件焊接位置。3. 焊缝原始表面被破坏。4. 焊接时间超出定额。

试题 14　低碳钢管板插入式水平固定 TIG 焊

1. 材料要求

（1）试件材料、尺寸：20 钢、ϕ60 mm×100 mm×5 mm 一件，Q235 - A、100 mm×100 mm×10 mm 一件，焊件及技术要求如图 2—14 所示。

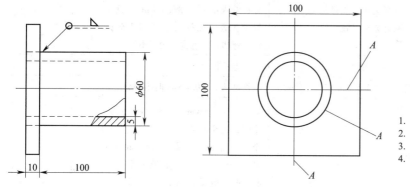

技术要求
1. 具有一定的熔深。
2. 组对严密，管板相互垂直。
3. 试件离地面高度自定。
4. A 为宏观金相检查面。

图 2—14　低碳钢管板插入式水平固定焊试件图

（2）焊材与母材相匹配，建议选用 HO8A，ϕ2.5 mm 焊丝，铈钨极，氩气纯度 99.99%。

2. 考核要求

（1）焊前清理坡口，露出金属光泽，焊丝除锈。

（2）试件的空间位置符合水平固定焊要求。

（3）试件一经施焊不得任意改变焊接位置。

（4）焊缝表面清理干净，并保持焊缝原始状态。

（5）试件应仿照时钟位置打上焊接位置的钟点记号，定位焊不得在 6 点处。

（6）焊接操作时间为 30 min。

3. 评分标准

评分标准见表 2—14。

表 2—14　　　　　　　　　　评 分 标 准

序号	考核内容	考核要点	配分	评分标准	检测结果	扣分	得分
1	焊前准备	劳保着装及工具准备齐全，并符合要求，参数设置、设备调试正确	5	劳保着装不符合要求，参数设置、设备调试不正确有一项扣1分			
2	焊接操作	试件固定的空间位置符合要求	10	试件固定的空间位置超出规定范围不得分			
3	焊缝外观	焊缝表面不允许有焊瘤、气孔、夹渣	10	出现任何一种缺陷不得分			
		焊缝咬边深度≤0.5 mm，两侧咬边总长不超过焊缝有效长度的15%	10	焊缝咬边深度≤0.5 mm，累计长度每5 mm扣1分，累计长度超过焊缝有效长度的15%不得分；咬边深度>0.5 mm不得分			
		焊缝凹凸度≤1.5 mm	10	超标不得分			
		焊脚 $K = \delta +$ （0～3）mm	10	每种超一处扣5分，扣完为止。			
		焊缝成形美观，纹理均匀、细密，高低宽窄一致	5	焊缝平整，焊纹不均匀，扣2分；外观成形一般，焊缝平直，局部高低、宽窄不一致扣3分；焊缝弯曲，高低宽窄明显不得分			
		管板之间夹角为90°±2°	5	超差不得分			
4	宏观金相	根部熔深≥0.5 mm	10	根部熔深<0.5 mm时不得分			
		条状缺陷	10	尺寸≤0.5 mm，数量不多于3个时，每个扣1分，数量超过3个，不得分；尺寸>0.5 mm且≤1.5 mm，数量不多于1个时，扣5分，数量多于1个时，不得分；尺寸>1.5 mm时不得分			
		点状缺陷	10	尺寸≤0.5 mm，数量不多于3个时，每个扣2分，数量超过3个，不得分；尺寸>0.5 mm且≤1.5 mm，数量不多于1个时，扣5分，数量多于1个时，不得分；尺寸>1.5 mm时不得分			
5	其他	安全文明生产	5	设备、工具复位，试件、场地清理干净，有一处不符合要求扣1分			
6	定额	操作时间		超时停止操作			
	合计		100				

否定项：1. 焊缝表面存在裂纹、未熔合及烧穿缺陷。2. 焊接操作时任意更改试件焊接位置。3. 焊缝原始表面被破坏。4. 焊接时间超出定额。

试题 15 低碳钢管板骑座式垂直固定俯位 TIG 焊

1. 材料要求

（1）试件材料、尺寸：20 钢、φ60 mm×100 mm×5 mm 一件，Q235-A、100 mm×100 mm×10 mm 一件，焊件及技术要求如图 2—15 所示。

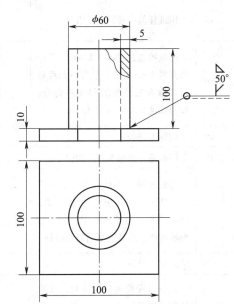

技术要求

1. 根部要焊透。
2. 组对严密，管板相互垂直。
3. 试件离地面高度自定。

图 2—15 低碳钢管板骑座式垂直固定俯位焊试件图

（2）焊材与母材相匹配，建议选用 HO8A，φ2.5 mm 焊丝，铈钨极，氩气纯度 99.99%。

2. 考核要求

（1）焊前清理坡口，露出金属光泽，焊丝除锈。
（2）试件的空间位置符合垂直固定焊要求。
（3）试件一经施焊不得任意改变焊接位置。
（4）焊缝表面清理干净，并保持焊缝原始状态。
（5）焊接操作时间为 45 min。

3. 评分标准

评分标准见表 2—15。

表 2—15　　　　　　　　　　　评 分 标 准

序号	考核内容	考核要点	配分	评分标准	检测结果	扣分	得分
1	焊前准备	劳保着装及工具准备齐全，并符合要求，参数设置、设备调试正确	5	劳保着装不符合要求，参数设置、设备调试不正确有一项扣 1 分			

序号	考核内容	考核要点	配分	评分标准	检测结果	扣分	得分
2	焊接操作	试件固定的空间位置符合要求	10	试件固定的空间位置超出规定范围不得分			
3	焊缝外观	焊缝表面不允许有焊瘤、气孔、夹渣	10	出现任何一种缺陷不得分			
		焊缝咬边深度≤0.5 mm，两侧咬边总长不超过焊缝有效长度的15%	10	焊缝咬边深度≤0.5 mm，累计长度每5 mm扣1分，累计长度超过焊缝有效长度的15%不得分；咬边深度>0.5 mm不得分			
		焊缝凹凸度≤1.5 mm	10	超标不得分			
		焊脚 $K = \delta +$（3~5）mm	10	每种超一处扣5分，扣完为止			
		焊缝成形美观，纹理均匀、细密，高低宽窄一致	5	焊缝平整，焊纹不均匀，扣2分；外观成形一般，焊缝平直，局部高低、宽窄不一致扣3分；焊缝弯曲，高低宽窄明显不得分			
		管板之间夹角为90°±2°	5	超差不得分			
		未焊透深度≤15%δ	10	未焊透深度≤15% δ时，未焊透累计长度每5 mm扣2分，未焊透深度>15% δ不得分			
		背面凹坑深度≤2 mm，累计长度不超过焊缝长度的10%	10	背面凹坑深度≤2 mm，累计长度每5 mm扣2分，超焊缝长度的10%不得分			
4	通球	用直径等于0.85倍管内径的钢球进行通球试验	10	通球不合格不得分			
5	其他	安全文明生产	5	设备、工具复位，试件、场地清理干净，有一处不符合要求扣1分			
6	定额	操作时间		超时停止操作			
	合计		100				

否定项：1. 焊缝表面存在裂纹、未熔合及烧穿缺陷。2. 焊接操作时任意更改试件焊接位置。3. 焊缝原始表面被破坏。4. 焊接时间超出定额。

试题16　低合金钢小直径管垂直固定 TIG 焊

1. 材料要求

（1）试件材料、尺寸：Q345、ϕ60 mm×100 mm×5 mm 两件，焊件及技术要求如图2—16所示。

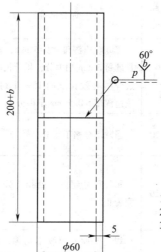

技术要求
1. 单面焊双面成形。
2. 钝边、间隙自定。
3. 试件离地面高度自定。

图 2—16 低合金钢小直径管垂直固定焊试件图

（2）焊材与母材相匹配，建议选用 ER49 - 1（HO8Mn2SiA）、φ2.5 mm 焊丝，铈钨极，氩气纯度99.99%。

2．考核要求

（1）焊前清理坡口，露出金属光泽，焊丝除锈。

（2）试件的空间位置符合垂直固定焊要求。

（3）试件一经施焊不得任意改变焊接位置。

（4）焊缝表面清理干净，并保持焊缝原始状态。

（5）焊接操作时间为 45 min。

3．评分标准

评分标准见表2—16。

表 2—16　　　　　　　　　　　评 分 标 准

序号	考核内容	考核要点	配分	评分标准	检测结果	扣分	得分
1	焊前准备	劳保着装及工具准备齐全，并符合要求，参数设置、设备调试正确	5	劳保着装不符合要求，参数设置、设备调试不正确有一项扣1分			
2	焊接操作	试件固定的空间位置符合要求	10	试件固定的空间位置超出规定范围不得分			
3	焊缝外观	焊缝表面不允许有焊瘤、气孔、夹渣	10	出现任何一种缺陷不得分			

序号	考核内容	考核要点	配分	评分标准	检测结果	扣分	得分
3	焊缝外观	焊缝咬边深度≤0.5 mm，两侧咬边总长不超过焊缝有效长度的15%	10	焊缝咬边深度≤0.5 mm，累计长度每5 mm扣1分，累计长度超过焊缝有效长度的15%不得分；咬边深度>0.5 mm不得分			
		用直径等于0.85倍管内径的钢球进行通球试验	10	通球不合格不得分			
		焊缝余高0~3 mm，余高差≤2 mm；焊缝宽度比坡口每侧增宽0.5~2.5 mm，宽度差≤3 mm	10	每种尺寸超差一处扣2分，扣完为止			
		焊缝成形美观，纹理均匀、细密，高低宽窄一致	6	焊缝平整，焊纹不均匀，扣2分；外观成形一般，焊缝平直，局部高低、宽窄不一致扣4分；焊缝弯曲，高低宽窄明显不得分			
		焊后角变形≤3°	4	超差不得分			
4	内部质量	X射线探伤	30	Ⅰ级片不扣分，Ⅱ级片扣10分，Ⅲ级及以下不得分			
5	其他	安全文明生产	5	设备、工具复位，试件、场地清理干净，有一处不符合要求扣1分			
6	定额	操作时间		超时停止操作			
	合计		100				

否定项：1. 焊缝表面存在裂纹、未熔合及烧穿缺陷。2. 焊接操作时任意更改试件焊接位置。3. 焊缝原始表面被破坏。4. 焊接时间超出定额。

试题 17 低合金钢小直径管水平固定 TIG 焊

1. 材料要求

（1）试件材料、尺寸：Q345、ϕ60 mm×100 mm×5 mm 两件，焊件及技术要求如图 2—17 所示。

（2）焊材与母材相匹配，建议选用 HO8MnA，ϕ2.5 mm 焊丝，铈钨极，氩气纯度 99.99%。

2. 考核要求

（1）焊前清理坡口，露出金属光泽，焊丝除锈。

（2）试件的空间位置符合水平固定焊要求。

（3）试件一经施焊不得任意改变焊接位置。

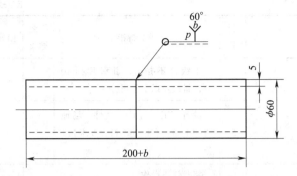

技术要求
1. 单面焊双面成形。
2. 钝边、间隙自定。
3. 试件离地面高度自定。

图 2—17　低合金钢小直径管水平固定焊试件图

（4）焊缝表面清理干净，并保持焊缝原始状态。

（5）试件应仿照时钟位置打上焊接位置的钟点记号，定位焊不得在 6 点处。

（6）焊接操作时间为 45 min。

3. 评分标准

评分标准见表 2—17。

表 2—17　　　　　　　　　　　评 分 标 准

序号	考核内容	考核要点	配分	评分标准	检测结果	扣分	得分
1	焊前准备	劳保着装及工具准备齐全，并符合要求，参数设置、设备调试正确	5	劳保着装不符合要求，参数设置、设备调试不正确有一项扣 1 分			
2	焊接操作	试件固定的空间位置符合要求	10	试件固定的空间位置超出规定范围不得分			
3	焊缝外观	焊缝表面不允许有焊瘤、气孔、夹渣	10	出现任何一种缺陷不得分			
		焊缝咬边深度≤0.5 mm，两侧咬边总长不超过焊缝有效长度的 15%	10	焊缝咬边深度≤0.5 mm，累计长度每 5 mm 扣 1 分，累计长度超过焊缝有效长度的 15% 不得分；咬边深度 >0.5 mm 不得分			
		用直径等于 0.85 倍管内径的钢球进行通球试验	10	通球不合格不得分			
		焊缝余高 0～3 mm，余高差≤2 mm；焊缝宽度比坡口每侧增宽 0.5～2.5 mm，宽度差≤3 mm	10	每种尺寸超差一处扣 2 分，扣完为止			
		焊缝成形美观，纹理均匀、细密，高低宽窄一致	6	焊缝平整，焊纹不均匀，扣 2 分；外观成形一般，焊缝平直，局部高低、宽窄不一致扣 4 分；焊缝弯曲，高低宽窄明显不得分			
		焊后角变形≤3°	4	超差不得分			

续表

序号	考核内容	考核要点	配分	评分标准	检测结果	扣分	得分
4	内部质量	X射线探伤	30	Ⅰ级片不扣分，Ⅱ级片扣10分，Ⅲ级及以下不得分			
5	其他	安全文明生产	5	设备、工具复位，试件、场地清理干净，有一处不符合要求扣1分			
6	定额	操作时间		超时停止操作			
	合计		100				

否定项：1. 焊缝表面存在裂纹、未熔合及烧穿缺陷。2. 焊接操作时任意更改试件焊接位置。3. 焊缝原始表面被破坏。4. 焊接时间超出定额。

试题18 低合金钢 V 形坡口对接平位双面埋弧焊

1. 材料要求

（1）试件材料、尺寸：Q345（Q345R）、600 mm×200 mm×20 mm 两件，焊件及技术要求如图2—18所示。

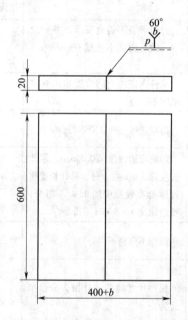

技术要求

1. 多层多道焊。
2. 钝边、间隙、反变形自定。
3. 试件离地面高度自定。
4. 反面碳弧气刨清根后焊接。

图2—18 低合金钢 V 形坡口对接平位双面埋弧焊试件图

（2）焊材与母材相匹配，建议选用 H08MnA、ϕ4 mm 焊丝，HJ431 焊剂。

2. 考核要求

（1）焊剂必须按要求规定烘干，焊丝除锈。

（2）焊前清理坡口，露出金属光泽。

（3）试件的空间位置符合平焊要求。

（4）试件一经施焊不得任意改变焊接位置。

（5）焊缝表面清理干净，并保持焊缝原始状态。

（6）焊接操作时间为 60 min。

3．评分标准

评分标准见表 2—18。

表 2—18　　　　　　　　　　　评 分 标 准

序号	考核内容	考核要点	配分	评分标准	检测结果	扣分	得分
1	焊前准备	劳保着装及工具准备齐全，并符合要求，参数设置、设备调试正确	5	劳保着装不符合要求，参数设置、设备调试不正确有一项扣1分			
2	焊接操作	试件固定的空间位置符合要求	10	试件固定的空间位置超出规定范围不得分			
3	焊缝外观	焊缝表面不允许有焊瘤、气孔、夹渣	10	出现任何一种缺陷不得分			
		焊缝无咬边	8	出现咬边不得分			
		焊缝正反面无凹坑	8	出现凹坑不得分			
		焊缝余高 0～3 mm，余高差≤2 mm；焊缝宽度比坡口每侧增宽 2～4 mm，宽度差≤2 mm	10	每种尺寸超差一处扣2分，扣完为止			
		焊缝成形美观，纹理均匀、细密，高低宽窄一致	6	焊缝平整，焊纹不均匀，扣2分；外观成形一般，焊缝平直，局部高低、宽窄不一致扣3分；焊缝弯曲，高低宽窄明显不得分			
		错边≤10% δ	5	超差不得分			
		焊后角变形≤3°	3	超差不得分			
4	内部质量	X射线探伤	30	Ⅰ级片不扣分，Ⅱ级片扣10分，Ⅲ级及以下不得分			
5	其他	安全文明生产	5	设备、工具复位，试件、场地清理干净，有一处不符合要求扣1分			
6	定额	操作时间		超时停止操作			
	合计		100				

否定项：1．焊缝表面存在裂纹、未熔合及烧穿缺陷。2．焊接操作时任意更改试件焊接位置。3．焊缝原始表面被破坏。4．焊接时间超出定额。

试题 19　低碳钢管垂直固定气焊

1. 材料要求

（1）试件材料、尺寸：20 钢、φ51 mm×100 mm×3.5 mm 两件，焊件及技术要求如图 2—19 所示。

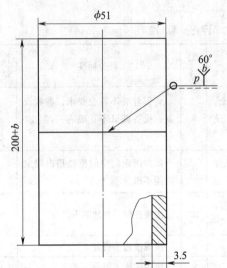

技术要求

1. 单面焊双面成形。
2. 钝边、间隙自定。
3. 试件离地面高度自定。

图 2—19　低碳钢管垂直固定焊试件图

（2）焊材与母材相匹配，建议选用 HO8A、φ2.5 mm 焊丝。

2. 考核要求

（1）焊前清理坡口，露出金属光泽，焊丝除锈。

（2）试件的空间位置符合垂直固定焊要求。

（3）试件一经施焊不得任意改变焊接位置。

（4）焊缝表面清理干净，并保持焊缝原始状态。

（5）焊接操作时间为 30 min。

3. 评分标准

评分标准见表 2—19。

表 2—19　　　　　评 分 标 准

序号	考核内容	考核要点	配分	评分标准	检测结果	扣分	得分
1	焊前准备	劳保着装及工具准备齐全，并符合要求，参数设置、设备调试正确	5	劳保着装不符合要求，参数设置、设备调试不正确有一项扣 1 分			
2	焊接操作	试件固定的空间位置符合要求	10	试件固定的空间位置超出规定范围不得分			

序号	考核内容	考核要点	配分	评分标准	检测结果	扣分	得分
3	焊缝外观	焊缝表面不允许有焊瘤、气孔、夹渣	10	出现任何一种缺陷不得分			
		焊缝咬边深度≤0.5 mm，两侧咬边总长不超过焊缝有效长度的15%	10	焊缝咬边深度≤0.5 mm，累计长度每5 mm扣1分，累计长度超过焊缝有效长度的15%不得分；咬边深度>0.5 mm不得分			
		用直径等于0.85倍管内径的钢球进行通球试验	10	通球不合格不得分			
		焊缝余高0～3 mm，余高差≤2 mm；焊缝宽度比坡口每侧增宽0.5～2.5 mm，宽度差≤3 mm	10	每种尺寸超差一处扣2分，扣完为止			
		焊缝成形美观，纹理均匀、细密，高低宽窄一致	6	焊缝平整，焊纹不均匀，扣2分；外观成形一般，焊缝平直，局部高低、宽窄不一致扣4分；焊缝弯曲，高低宽窄明显不得分			
		焊后角变形≤3°	4	超差不得分			
4	内部质量	X射线探伤	30	Ⅰ级片不扣分，Ⅱ级片扣10分，Ⅲ级及以下不得分			
5	其他	安全文明生产	5	设备、工具复位，试件、场地清理干净，有一处不符合要求扣1分			
6	定额	操作时间		超时停止操作			
合计			100				

否定项：1. 焊缝表面存在裂纹、未熔合及烧穿缺陷。2. 焊接操作时任意更改试件焊接位置。3. 焊缝原始表面被破坏。4. 焊接时间超出定额。

试题 20 低合金钢管水平固定气焊

1. 材料要求

（1）试件材料、尺寸：Q345、$\phi57$ mm×100 mm×5 mm 两件，焊件及技术要求如图2—20所示。

（2）焊材与母材相匹配，建议选用 H08MnA、$\phi2.5$ mm 焊丝。

2. 考核要求

（1）焊前清理坡口，露出金属光泽，焊丝除锈。

（2）试件的空间位置符合水平固定焊要求。

（3）试件一经施焊不得任意改变焊接位置。

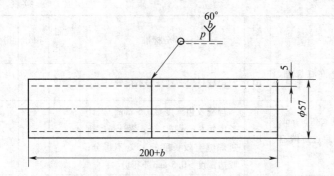

技术要求
1. 单面焊双面成形。
2. 钝边、间隙自定。
3. 试件离地面高度自定。

图 2—20　低合金钢管水平固定焊试件图

（4）焊缝表面清理干净，并保持焊缝原始状态。

（5）焊接操作时间为 30 min。

3. 评分标准

评分标准见表 2—20。

表 2—20　　　　　　　　　　评 分 标 准

序号	考核内容	考核要点	配分	评分标准	检测结果	扣分	得分
1	焊前准备	劳保着装及工具准备齐全，并符合要求，参数设置、设备调试正确	5	劳保着装不符合要求，参数设置、设备调试不正确有一项扣 1 分			
2	焊接操作	试件固定的空间位置符合要求	10	试件固定的空间位置超出规定范围不得分			
3	焊缝外观	焊缝表面不允许有焊瘤、气孔、夹渣	10	出现任何一种缺陷不得分			
		焊缝咬边深度 ≤0.5 mm，两侧咬边总长不超过焊缝有效长度的 15%	10	焊缝咬边深度 ≤0.5 mm，累计长度每 5 mm 扣 1 分，累计长度超过焊缝有效长度的 15% 不得分；咬边深度 >0.5 mm 不得分			
		用直径等于 0.85 倍管内径的钢球进行通球试验	10	通球不合格不得分			
		焊缝余高 0~3 mm，余高差 ≤2 mm；焊缝宽度比坡口每侧增宽 0.5~2.5 mm，宽度差 ≤3 mm	10	每种尺寸超差一处扣 2 分，扣完为止			
		焊缝成形美观，纹理均匀、细密，高低宽窄一致	6	焊缝平整，焊纹不均匀，扣 2 分；外观成形一般，焊缝平直，局部高低、宽窄不一致扣 4 分；焊缝弯曲，高低宽窄明显不得分			
		焊后角变形 ≤3°	4	超差不得分			

续表

序号	考核内容	考核要点	配分	评分标准	检测结果	扣分	得分
4	内部质量	X 射线探伤	30	Ⅰ 级片不扣分，Ⅱ 级片扣 10 分，Ⅲ 级及以下不得分			
5	其他	安全文明生产	5	设备、工具复位，试件、场地清理干净，有一处不符合要求扣 1 分			
6	定额	操作时间		超时停止操作			
	合计		100				

否定项：1. 焊缝表面存在裂纹、未熔合及烧穿缺陷。2. 焊接操作时任意更改试件焊接位置。3. 焊缝原始表面被破坏。4. 焊接时间超出定额。

试题 21　低合金钢管 V 形坡口垂直固定 TIG + SMAW 焊

1. 材料要求

（1）试件材料、尺寸：Q345（Q345R）、ϕ89 mm ×100 mm ×7 mm 两件，焊件及技术要求如图 2—21 所示。

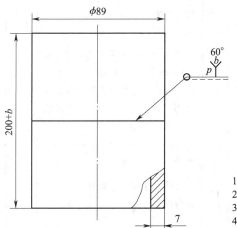

技术要求
1. 单面焊双面成形。
2. 钝边、间隙自定。
3. 试件离地面高度自定。
4. TIG 焊打底，SMAW 填充、盖面。

图 2—21　低合金钢管 V 形坡口垂直固定 TIG + SMAW 焊试件图

（2）焊材与母材相匹配，建议选用 ER49 - 1（HO8Mn2SiA）、ϕ2.5 mm 焊丝，铈钨极，氩气纯度 99.99%；E5015、ϕ3.2 mm 焊条。

2. 考核要求

（1）焊条必须按要求规定烘干，随用随取。

（2）焊前清理坡口，露出金属光泽，焊丝除锈。

（3）试件的空间位置符合管垂直固定焊要求。

（4）试件一经施焊不得任意改变焊接位置。

（5）焊缝表面清理干净，并保持焊缝原始状态。

（6）焊接操作时间为 45 min。

3. 评分标准

评分标准见表2—21。

表 2—21   评 分 标 准

序号	考核内容	考核要点	配分	评分标准	检测结果	扣分	得分
1	焊前准备	劳保着装及工具准备齐全，并符合要求，参数设置、设备调试正确	5	劳保着装不符合要求，参数设置、设备调试不正确有一项扣1分			
2	焊接操作	试件固定的空间位置符合要求	10	试件固定的空间位置超出规定范围不得分			
3	焊缝外观	焊缝表面不允许有焊瘤、气孔、夹渣	10	出现任何一种缺陷不得分			
		焊缝咬边深度≤0.5 mm，两侧咬边总长不超过焊缝有效长度的15%	8	焊缝咬边深度≤0.5 mm，累计长度每5 mm扣1分，累计长度超过焊缝有效长度的15%不得分；咬边深度>0.5 mm不得分			
		背面凹坑深度≤20%δ，且≤1 mm，累计长度不超过焊缝有效长度的10%	8	背面凹坑深度≤20%δ，且≤1 mm，累计长度每5 mm扣1分，累计长度超过焊缝有效长度的10%不得分；背面凹坑深度>1 mm不得分			
		焊缝余高0~3 mm，余高差≤2 mm；焊缝宽度比坡口每侧增宽0.5~2.5 mm，宽度差≤3 mm	10	每种尺寸超差一处扣2分，扣完为止			
		焊缝成形美观，纹理均匀、细密，高低宽窄一致	6	焊缝平整，焊纹不均匀，扣2分；外观成形一般，焊缝平直，局部高低、宽窄不一致扣3分；焊缝弯曲，高低宽窄明显不得分			
		错边≤10%δ	5	超差不得分			
		焊后角变形≤3°	3	超差不得分			

续表

序号	考核内容	考核要点	配分	评分标准	检测结果	扣分	得分
4	内部质量	X射线探伤	30	Ⅰ级片不扣分，Ⅱ级片扣10分，Ⅲ级及以下不得分			
5	其他	安全文明生产	5	设备、工具复位，试件、场地清理干净，有一处不符合要求扣1分			
6	定额	操作时间		超时停止操作			
	合计		100				

否定项：1. 焊缝表面存在裂纹、未熔合及烧穿缺陷。2. 焊接操作时任意更改试件焊接位置。3. 焊缝原始表面被破坏。4. 焊接时间超出定额。

试题22　低碳钢 V 形坡口对接立位 TIG 焊

1. 材料要求

（1）试件材料、尺寸：20钢（Q235-A）、300 mm×100 mm×6 mm 两件，焊件及技术要求如图2—22所示。

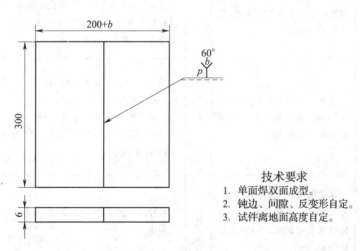

技术要求
1. 单面焊双面成型。
2. 钝边、间隙、反变形自定。
3. 试件离地面高度自定。

图2—22　低碳钢板 V 形坡口对接立位焊试件图

（2）焊材与母材相匹配，建议选用 HO8A，$\phi2.5$ mm 焊丝，铈钨极、$\phi2.5$ mm，氩气纯度99.99%。

2. 考核要求

（1）焊前清理坡口，露出金属光泽，焊丝除锈。

（2）试件的空间位置符合立位焊要求。

（3）试件一经施焊不得任意改变焊接位置。

（4）焊缝表面清理干净，并保持焊缝原始状态。

（5）定位焊在试件背面两端 20 mm 范围内。

（6）焊接操作时间为 45 min。

3．评分标准

评分标准见表2—22。

表 2—22　　　　　　　　　评　分　标　准

序号	考核内容	考核要点	配分	评分标准	检测结果	扣分	得分
1	焊前准备	劳保着装及工具准备齐全，并符合要求，参数设置、设备调试正确	5	劳保着装不符合要求，参数设置、设备调试不正确有一项扣1分			
2	焊接操作	试件固定的空间位置符合要求	10	试件固定的空间位置超出规定范围不得分			
3	焊缝外观	焊缝表面不允许有焊瘤、气孔、夹渣	10	出现任何一种缺陷不得分			
		焊缝咬边深度≤0.5 mm，两侧咬边总长不超过焊缝有效长度的15%	8	焊缝咬边深度≤0.5 mm，累计长度每5 mm扣1分，累计长度超过焊缝有效长度的15%不得分；咬边深度>0.5 mm不得分			
		背面凹坑深度≤20%δ，且≤1 mm，累计长度不超过焊缝有效长度的10%	8	背面凹坑深度≤20%δ，且≤1 mm，累计长度每5 mm扣1分，累计长度超过焊缝有效长度的10%不得分；背面凹坑深度>1 mm不得分			
		焊缝余高0~3 mm，余高差≤2 mm；焊缝宽度比坡口每侧增宽0.5~2.5 mm，宽度差≤3 mm	10	每种尺寸超差一处扣2分，扣完为止			
		焊缝成形美观，纹理均匀、细密，高低宽窄一致	6	焊缝平整，焊纹不均匀，扣2分；外观成形一般，焊缝平直，局部高低、宽窄不一致扣3分；焊缝弯曲，高低宽窄明显不得分			
		错边≤10%δ	5	超差不得分			
		焊后角变形≤3°	3	超差不得分			

序号	考核内容	考核要点	配分	评分标准	检测结果	扣分	得分
4	内部质量	X 射线探伤	30	Ⅰ级片不扣分，Ⅱ级片扣10分，Ⅲ级及以下不得分			
5	其他	安全文明生产	5	设备、工具复位，试件、场地清理干净，有一处不符合要求扣1分			
6	定额	操作时间		超时停止操作			
	合计		100				

否定项：1. 焊缝表面存在裂纹、未熔合及烧穿缺陷。2. 焊接操作时任意更改试件焊接位置。3. 焊缝原始表面被破坏。4. 焊接时间超出定额。

第 3 部分

高级焊工

高级焊工理论知识练习题

一、填空题（把正确的答案填在横线空白处）

1. 用根部裂纹敏感性评定法计算得到的冷裂纹敏感性指数 P_w，由于考虑到了_____和_____两者对冷裂纹的影响，所以比较切合实际。

2. 热影响区最高硬度法的特点是考虑到了_____，但是没有涉及_____和_____，所以不能借以判断实际焊接产品的冷裂倾向。

3. 常用焊接冷裂纹的间接评定方法有_____、_____和_____三种。

4. 等离子弧焊接有_____、_____和_____三种方法。

5. 斜 Y 形坡口焊接裂纹试验方法的试件两侧开_____坡口，焊接____焊缝；中间开____坡口，焊接____焊缝。

6. 斜 Y 形坡口焊接裂纹试验在焊接拘束焊缝时，应采用____焊条；焊后不应产生____和____。

7. 穿透型等离子弧焊接适宜焊接_____mm 厚度的不锈钢板材，可以不开坡口和背面不用衬垫进行_____成形。

8. 熔透型等离子弧焊主要用于_____焊接及_____的多层焊盖面。

9. 采用 30 A 以下的焊接电流进行的等离子弧焊，称为_____。一般用来焊接厚度为_____的薄板及_____。

10. 常用焊接热裂纹试验方法有_____、_____和_____等。

11. 压板对接（FISCO）焊接裂纹试验方法适用于_____、_____。

12. 鱼骨状焊接裂纹试验方法主要用于_____的热裂纹敏感性。

13. 等离子弧焊所采用的工作气体分为_____和_____两种。

14. 等离子弧焊一般采用的电极材料是_____，焊接不锈钢、合金钢、钛合金等采用直流_____接，焊接铝、镁薄板时采用直流_____接。

15. 焊接再热裂纹的试验方法有_____和_____等。

16. 利用_____进行焊接的熔化极氩气保护焊称为脉冲熔化极氩弧焊。

17. 常用的层状撕裂试验方法有_____和_____两种。

18. 常温拉伸试验的合格标准是_____。

19. 压扁试验的试管分为_____和_____两种。

20. 根据试验的要求，冲击试验试样的缺口可开在_____、_____或_____上。

21. 根据国际 GB/T 3323—2005 "金属熔化焊焊接接头射线照相" 的规定，钢焊缝射线探伤的质量标准共分____级；其中____内缺陷最小，____内缺陷最多。

22. GB/T 3323—2005 规定：Ⅰ级焊缝内不准有 _____、_____、_____ 和 _____；Ⅱ级焊缝内不准有 _____、_____ 和 _____。

23. 磁粉探伤的方法有 ____ 和 ____ 两种。

24. 磁粉探伤时，磁痕显示可分为 _____、_____ 和 _____ 三类。

25. 焊接接头的金相试验包括 _____ 和 _____ 两大类。

26. 宏观金相试验的方法有 ____、____ 和 ____ 三种。

27. 钻孔检验可以检查焊缝内部的 _____、_____、_____ 等缺陷。

28. 目前，测定焊接接头中扩散氢的常用方法是 _____、_____ 和 _____ 三种，其中以 _____ 应用最广。

29. 不锈钢抗晶间腐蚀倾向的试验方法有 _____、_____、_____、_____ 和 _____ 五种。

30. GB 150—2011《压力容器》规定，Q345R、Q370R、07MnMoVR 制容器水压试验时，水温不得低于 _____ ℃，其他碳钢和低合金钢不低于 _____ ℃。

31. 水压试验时，当压力上升到工作压力时，应 _____，若检查无漏水或异常现象，再升压到 _____。

32. 常用焊接容器密封性检验的方法有 _____、_____ 和 _____ 等。

33. 气压试验所用气体应为干燥洁净的 _____、_____ 或 _____，气体温度应不低于 _____。

34. 异种金属焊接后能否获得满意的焊接接头，与被焊金属的 _____ 性能和采用的 _____ 和 _____ 有关。

35. 珠光体钢与奥氏体钢焊接时，在珠光体钢一侧形成 ____ 层而 ____ 化；在奥氏体钢一侧形成 ____ 层而 ____ 化，接头受力时可能引起 _____，降低接头的 _____ 和 ____。

36. 奥氏体不锈钢与珠光体耐热钢焊接时，在紧靠 _____ 一侧熔合线的焊缝金属中，会形成和焊缝金属内部成分不同的 _____。

37. 07Cr19Ni11Ti 与 Q235A 钢焊接时，由不锈钢组织图可知，通过选择不同的 _____ 和控制 _____，能在相当宽的范围内调整焊缝的成分和组织。

38. 珠光体钢与奥氏体不锈钢焊接时，最好选用 _____ 的材料作焊缝金属。

39. 奥氏体不锈钢与珠光体钢焊接时，焊接 _____ 可以降低对接头的预热要求及减少产生裂纹的危险性。

40. 热强奥氏体不锈钢与珠光体钢焊接时，所选用的焊接材料应保证焊缝具有较高抗裂性能的 _____ 组织。

41. 焊接层数越多，熔合比越 ____，坡口角度越大，熔合比越 ____，V 形坡口的熔合比比 U 形坡口 ____，多层焊时，____ 焊缝的熔合比最大。

42. 不锈钢与碳素钢焊接时，在碳素钢一侧若合金元素渗入，会使金属的 _____ 增加，_____ 降低，易导致 _____ 的产生。

43. 不锈钢与碳素钢焊接时，若合金元素渗入，则在不锈钢一侧，会导致焊缝 _____ 稀释而降低焊缝金属的 _____ 和 ____。

44. 获得双相_____+_____组织的不锈钢与碳素钢接头，可以提高其____和力学性能。

45. 采用_____焊条焊接不锈钢与碳素钢焊接接头，可以获得满意的双相组织。

46. 采用隔离法焊接不锈钢与碳素钢焊接接头，即先在____钢的坡口边缘堆焊一层高铬镍焊条的堆敷层，再用_____焊条焊接。

47. 气焊铸铁与低碳钢焊接接头时，应选用_____焊丝和气焊熔剂，使焊缝能获得_____组织。

48. 钎焊铸铁与低碳钢接头，为了减少焊接时造成的应力，焊接长焊缝时宜采用_____法施焊，每段以____ mm 为宜。

49. 采用碳钢焊条焊接铸铁与低碳钢接头时，可先在____坡口上堆焊____ mm 的隔离层，冷却后再进行装配点焊。

50. 等离子弧焊一般采用具有_____或_____外特性的直流弧焊电源。

51. 铸铁与低碳钢钎焊时，应采用_____火焰加热，用_____作钎料。

52. 等离子弧焊的工作气体有_____和_____。

53. 压力容器内部承受很高的压力，并且往往盛有有毒的介质，故对压力容器的_____、_____、_____和_____有更高的要求。

54. 压力容器焊接接头的主要形式有_____、_____和_____等。

55. 压力容器受压元件之间的焊接接头可分为_____、_____、_____和_____四类。

56. C 类接头受力较小，通常采用_____连接。

57. 工作时承受_____的杆件叫梁。

58. 梁的断面形状有_____和_____两类。

59. 箱形梁的断面形状为____形，其整体结构_____大，可以承受较大的_____。

60. 工字梁的特点是_____。

61. 焊接柱按结构可分为_____和_____两种。

62. 实腹柱有_____和_____两种。_____焊缝少，应优先采用；_____适应性强，可按使用要求制成各种大小尺寸的柱。

63. 柱用柱脚分为_____和_____两种。

64. 工作时承受____的杆件叫柱。

65. 格构柱分_____和_____两种。

66. 反变形法主要用来预防焊接梁焊后产生的_____和_____。

67. 梁焊后的残余变形主要是_____，当焊接方向不正确时也可能产生_____。

68. 劳动定额分_____和_____两种。

69. 作业时间是_____的时间，按其作用可分为_____和_____两大项。

70. 休息和生理需要时间是指工人休息、喝水和上厕所所消耗的时间，这类时间取决于_____和_____。

二、选择题（请将正确答案的代号填入括号中）

1. 等离子弧焊接不锈钢时，应采用（　　）电源。

A. 交流　　　　　　　　　　　B. 直流正接

C. 直流反接　　　　　　　　　D. 脉冲交流

2. 等离子弧焊接广泛采用具有（　　）外特性的（　　）电源。

　　A. 陡降；直流　　　　　　　B. 陡降；交流

　　C. 上升；直流　　　　　　　D. 缓降；交流

3. T 形接头焊接裂纹试验的焊缝应采用（　　）位置进行焊接。

　　A. 仰焊　　　　　　　　　　B. 平焊

　　C. 船形　　　　　　　　　　D. 横焊

4. 插销试验的临界应力值越小，材料对焊接（　　）敏感性越大。

　　A. 冷裂纹　　　　　　　　　B. 热裂纹

　　C. 再热裂纹　　　　　　　　D. 层状撕裂

5. 压板对接焊接裂纹试验法属于（　　）试验方法。

　　A. 冷裂纹　　　　　　　　　B. 热裂纹

　　C. 再热裂纹　　　　　　　　D. 层状撕裂

6. 影响层状撕裂敏感性的最好指标是（　　）。

　　A. 断后伸长率　　　　　　　B. 断面收缩率

　　C. 抗拉强度值　　　　　　　D. 屈服强度值

7. 在结构刚性和扩散氢含量相同的情况下，确定冷裂纹敏感性主要应当是（　　）。

　　A. 钢的碳当量　　　　　　　B. 钢中碳的质量分数

　　C. 钢的组织　　　　　　　　D. 焊接方法

8. 评定材料抗冷裂性最好的间接评定方法是（　　）。

　　A. 冷裂纹敏感性指数　　　　B. 碳当量法

　　C. 热影响区最高硬度法　　　D. 搭接接头（CTS）焊接裂纹试验法

9. （　　）试验可考核管子对接的根部质量。

　　A. 面弯　　　　　　　　　　B. 侧弯

　　C. 背弯

10. （　　）试验可作为评定材料断裂韧度和冷作时效敏感性的一个指标。

　　A. 拉伸　　　　　　　　　　B. 弯曲

　　C. 硬度　　　　　　　　　　D. 冲击

11. 压扁试验的目的是测定管子焊接接头的（　　）。

　　A. 塑性　　　　　　　　　　B. 冲击韧度

　　C. 抗拉强度　　　　　　　　D. 硬度

12. 当气孔尺寸在（　　）时，可以不计点数。

　　A. 0.1 mm 以下　　　　　　B. 0.2 mm 以下

　　C. 0.5 mm 以下　　　　　　D. 0.05 mm 以下

13. 气焊铸铁与低碳钢焊接接头，应采用（　　）的火焰。

　　A. 氧化焰　　　　　　　　　B. 碳化焰

C. 中性焰或轻微的碳化焰　　　D. 碳化焰或轻微的氧化焰

14. 根据 GB/T 3323—2005 规定，如果焊缝中出现裂纹，焊缝质量应评为（　　）级
    A. Ⅰ　　　　　　　　　　B. Ⅱ
    C. Ⅳ　　　　　　　　　　D. Ⅲ

15. 当两种金属的（　　）相差很大时，焊接后最易导致焊缝成形不良。
    A. 膨胀系数　　　　　　　B. 电磁性
    C. 导热性能　　　　　　　D. 比热容

16. 奥氏体钢与珠光体钢焊接时，应优先选用含（　　）量较高，能起到稳定（　　）组织作用的焊接材料。
    A. 铬，奥氏体　　　　　　B. 锰，铁素体
    C. 镍，奥氏体　　　　　　D. 镍，铁素体

17. 奥氏体钢与珠光体钢焊接时，最好选用（　　）接近于珠光体钢的镍基合金型材料。
    A. 比热容　　　　　　　　B. 线膨胀系数
    C. 化学成分　　　　　　　D. 导热性能

18. （　　）用于非受压元件与受压元件的连接。
    A. B 类接头　　　　　　　B. A 类接头
    C. E 类接头　　　　　　　D. C 类接头

19. （　　）多用于管接头与壳体的连接。
    A. 对接接头　　　　　　　B. T 形接头
    C. 搭接接头　　　　　　　D. 角接接头

20. 筒节的拼接纵缝，封头瓣片的拼接缝，球形封头与筒体、接管相接的环缝等属于（　　）接头。
    A. A 类　　　　　　　　　B. B 类
    C. C 类　　　　　　　　　D. D 类

21. B 类接头的工作应力是 A 类接头工作应力的（　　）。
    A. 2 倍　　　　　　　　　B. 3 倍
    C. 1/2　　　　　　　　　D. 1/3

22. 用于照料工作地，以保持工作地处于正常工作状态所需要的时间是（　　）。
    A. 基本时间　　　　　　　B. 辅助时间
    C. 布置工作地时间　　　　D. 准备、结束时间

23. 焊接基本时间与（　　）成反比。
    A. 焊缝横截面积　　　　　B. 焊缝长度
    C. 焊接电流　　　　　　　D. 焊条金属密度

三、判断题（下列判断正确的请打"√"，错的打"×"）

1. 金属材料的焊接性与使用的焊接方法无关。（　　）
2. 碳当量是材料冷裂纹的间接评定方法，而不是热裂纹的间接评定方法。（　　）
3. 碳当量的计算公式适用于奥氏体不锈钢以外的一切金属材料。（　　）

4. 两种材料的碳当量数值相同，则其抗冷裂性就完全一样。　　　　（　　）

5. 冷裂纹敏感性指数和碳当量一样，都没有考虑到材料的含氢量和应力，所以都是不全面的。　　　　　　　　　　　　　　　　　　　　　　　　　　（　　）

6. 焊接接头热影响区的硬度越高，材料的抗冷裂性越好。　　　　（　　）

7. 热影响区最高硬度试验法主要用在相同试验条件下不同母材冷裂倾向的相对比较。　　　　　　　　　　　　　　　　　　　　　　　　　　　　　　（　　）

8. 用斜 Y 形坡口焊接裂纹试验方法焊成的试件，焊后应立即进行检查，以避免产生延迟裂纹。　　　　　　　　　　　　　　　　　　　　　　　　　（　　）

9. 在进行搭接接头（CTS）焊接裂纹试验时，应先焊两侧的拘束焊缝，为防止冷裂纹产生，应不待试件冷却就立即焊接试验焊缝。　　　　　　　　　　（　　）

10. 插销试验时的临界应力越大，则焊接接头产生冷裂纹的敏感性越大。　（　　）

11. 等离子弧焊时，利用"小孔效应"可以有效地获得单面焊双面成形的效果。
　　　　　　　　　　　　　　　　　　　　　　　　　　　　　　　　（　　）

12. 拉伸拘束裂纹试验（TRC 试验）中的临界应力值越大，冷裂纹敏感性越小。
　　　　　　　　　　　　　　　　　　　　　　　　　　　　　　　　（　　）

13. 压板对接焊接裂纹试验方法（FISCO）主要是用来测定母材热裂纹倾向的试验方法。　　　　　　　　　　　　　　　　　　　　　　　　　　　　　　（　　）

14. 微束等离子弧焊通常采用转移型弧。　　　　　　　　　　　　　（　　）

15. 微束等离子弧焊的优点之一是可以焊接极薄的金属。　　　　　（　　）

16. 斜 Y 形坡口焊接裂纹试验方法既可以作为材料的抗冷裂性试验，也可作为再热裂纹试验。　　　　　　　　　　　　　　　　　　　　　　　　　　（　　）

17. 用斜 Y 形坡口焊接裂纹试验方法进行再热裂纹试验时，必须对试件进行预热，以保证不产生冷裂纹。　　　　　　　　　　　　　　　　　　　　　　（　　）

18. 等离子弧焊时的双弧现象，可以大大提高等离子弧燃烧的稳定性。（　　）

19. U 形坡口冲击试验比 V 形坡口冲击试验更能反映脆断问题的本质。（　　）

20. 冲击试验的试样缺口往往只能开在焊缝金属上。　　　　　　　（　　）

21. 硬度试验只能间接判断材料的焊接性。　　　　　　　　　　　（　　）

22. 弯曲试验时，减小弯轴直径可以提高弯曲试验的合格率。　　　（　　）

23. 焊缝金属试样的缺口轴线应当垂直于焊缝表面。　　　　　　　（　　）

24.（利用）射线探伤底片上的白色带表示焊缝，白色带中的黑色斑色或条纹表示缺陷。　　　　　　　　　　　　　　　　　　　　　　　　　　　　　　（　　）

25. 不开坡口对接焊缝中的未焊透在射线照相底片上常是一条宽度比较均匀的黑直线。　　　　　　　　　　　　　　　　　　　　　　　　　　　　　　　（　　）

26. 凡是需要进行射线探伤的焊缝、气孔和夹渣都是不允许存在的缺陷。（　　）

27. 只要焊缝中存在有裂纹，焊缝经射线探伤后的底片就属于Ⅳ级。　（　　）

28. 对射线探伤后底片上的气孔缺陷评定等级时，只需计算气孔的点数，与气孔的大小没有关系。　　　　　　　　　　　　　　　　　　　　　　　　　（　　）

29. Ⅰ级片和Ⅱ级片中不允许存在条状夹渣。　　　　　　　　　　（　　）

30. 超声波之所以能进行金属探伤，因为它能直接射入金属内部，不发生反射现象。　　　　　　　　　　　　　　　　　　　　　　　　　（　　）

31. 和射线探伤相比，由于超声波对人体有害，所以目前应用尚不广泛。（　　）

32. 不论是焊缝表面的缺陷，还是焊缝内部的缺陷，磁粉探伤都是非常灵敏的。　　　　　　　　　　　　　　　　　　　　　　　　　　（　　）

33. 07Cr19Ni11Ti 奥氏体不锈钢焊缝表面及近表面的缺陷采用磁粉探伤最合适。（　　）

34. 钻孔检验只能在不得已的情况下才偶然使用。　　　　　　　（　　）

35. 测定焊接原材料中扩散氢的含量，对控制延迟裂纹等缺陷十分有益。（　　）

36. 脉冲 MIG 焊的基值电流主要作用是在脉冲电流休止期间，维持电弧稳定燃烧。　　　　　　　　　　　　　　　　　　　　　　　　　（　　）

37. 采用焊接方法制造复合零部件既能满足各种性能要求，又可节约各种贵重材料，降低成本。　　　　　　　　　　　　　　　　　　　　　（　　）

38. 异种金属焊接时产生的热应力，可通过焊后热处理的方法予以消除。（　　）

39. 在液态下互不相溶的两种金属焊接，可以获得较满意的接头。（　　）

40. 液态与固态下都具有良好互溶性的金属，在熔焊时可能形成完好的接头。　　　　　　　　　　　　　　　　　　　　　　　　　　（　　）

41. 异种金属焊接时，熔合比发生变化，则焊缝的成分和组织都要随之发生相应的变化。　　　　　　　　　　　　　　　　　　　　　　　　（　　）

42. 当两种金属的线膨胀系数相差很大时，在焊接过程中会产生很大的热应力。　　　　　　　　　　　　　　　　　　　　　　　　　　（　　）

43. 当两种金属的电磁性相差很大时，焊接后会产生很大的热应力。（　　）

44. 奥氏体不锈钢与珠光体钢焊接时，由于珠光体钢的稀释作用，焊缝可能会出现马氏体组织。　　　　　　　　　　　　　　　　　　　　　（　　）

45. 奥氏体不锈钢与珠光体钢焊接时，熔合比越大越好。　　　（　　）

46. 07Cr19Ni11Ti 奥氏体不锈钢与 Q235A 钢低碳钢焊接时，如果采用钨极氩弧焊，则最好不要填加焊丝，才能获得满意的焊缝质量。　　　　（　　）

47. 奥氏体不锈钢与珠光体钢焊接时，扩散层的宽度取决于所用焊条的类型。　　　　　　　　　　　　　　　　　　　　　　　　　　（　　）

48. 奥氏体不锈钢与珠光体钢焊接时，填充材料的铬、镍质量分数越高，则过渡层的宽度越宽。　　　　　　　　　　　　　　　　　　　　　（　　）

49. 奥氏体不锈钢与珠光体钢焊接时，在熔合区的珠光体母材上会形成脱碳区。　　　　　　　　　　　　　　　　　　　　　　　　　（　　）

50. 在通常情况下，奥氏体不锈钢与珠光体钢焊后焊接接头进行热处理是不适宜的。　　　　　　　　　　　　　　　　　　　　　　　　　（　　）

51. 扩散层的形成，有利于提高奥氏体不锈钢与珠光体钢焊接接头的质量。　　　　　　　　　　　　　　　　　　　　　　　　　　（　　）

52. 珠光体钢中碳化物形成元素增加时，能促使奥氏体不锈钢与珠光体钢焊接接头

中扩散层的发展。　　　　　　　　　　　　　　　　　　　　　　（　　）

53. 珠光体钢中碳的质量分数越高，奥氏体不锈钢与珠光体钢焊接接头中形成的扩散层越强烈。　　　　　　　　　　　　　　　　　　　　　　　　　　（　　）

54. 增加奥氏体不锈钢中的镍的质量分数，可以减弱奥氏体钢与珠光体钢焊接接头中形成的扩散层。　　　　　　　　　　　　　　　　　　　　　　　　（　　）

55. 奥氏体不锈钢与珠光体钢的焊接接头中会产生很大的热应力，这种热应力可以通过焊后高温回火加以消除。　　　　　　　　　　　　　　　　　　　　（　　）

56. 奥氏体不锈钢与珠光体钢焊接时常用的焊接方法是焊条电弧焊。　　（　　）

57. 奥氏体不锈钢与珠光体钢焊接时，应严格控制碳的扩散，以提高接头的高温持久强度。　　　　　　　　　　　　　　　　　　　　　　　　　　　　（　　）

58. 奥氏体不锈钢与珠光体钢焊接时，应选择珠光体耐热钢型的焊接材料。
　　　　　　　　　　　　　　　　　　　　　　　　　　　　　　　　（　　）

59. 奥氏体不锈钢与珠光体钢焊接时，高温应力集中在奥氏体钢一侧比较有利。
　　　　　　　　　　　　　　　　　　　　　　　　　　　　　　　　（　　）

60. 奥氏体不锈钢与珠光体钢焊接在一起的焊件，最好选用稳定珠光体钢。
　　　　　　　　　　　　　　　　　　　　　　　　　　　　　　　　（　　）

61. 奥氏体不锈钢与珠光体钢焊接时，最好采用多层焊，并且层数越多越好，其目的是可以提高接头的塑性。　　　　　　　　　　　　　　　　　　　　（　　）

62. 奥氏体不锈钢与珠光体钢焊接时，应采用较大的坡口角度，以减少熔合比。
　　　　　　　　　　　　　　　　　　　　　　　　　　　　　　　　（　　）

63. 奥氏体不锈钢与珠光体钢焊接时，应优先采用 V 形坡口，以减少熔合比。
　　　　　　　　　　　　　　　　　　　　　　　　　　　　　　　　（　　）

64. 采用小直径焊条（或焊丝），使用小电流、高电压、快焊速是焊接奥氏体钢与珠光体钢时的主要工艺措施。　　　　　　　　　　　　　　　　　　　（　　）

65. 奥氏体不锈钢与珠光体钢焊接时，其焊接特点与不锈复合板相似。　（　　）

66. 不锈钢与碳素钢焊接时，由于合金元素的渗入会使碳钢与不锈钢的塑性都降低。　　　　　　　　　　　　　　　　　　　　　　　　　　　　　　（　　）

67. 对于要求不高的不锈钢与碳素钢焊接接头，可采用 A107、A122 等焊条焊接。
　　　　　　　　　　　　　　　　　　　　　　　　　　　　　　　　（　　）

68. 采用 A107 或 A122 焊条焊接不锈钢与碳素钢焊接接头可以使焊缝金属获得双相组织。　　　　　　　　　　　　　　　　　　　　　　　　　　　　（　　）

69. 铸铁与低碳钢焊接时，其白口组织越厚越易于切削加工。　　　　　（　　）

70. 由于铸铁与低碳钢的熔点相差较大，故不能用焊条电弧焊的方法焊接此类接头。　　　　　　　　　　　　　　　　　　　　　　　　　　　　　　（　　）

71. 采用气焊法焊接铸铁与低碳钢接头后，应采取缓冷措施。　　　　　（　　）

72. 钎焊铸铁与低碳钢焊接接头，由于焊件本身不熔化，故焊前不必对坡口进行清理。　　　　　　　　　　　　　　　　　　　　　　　　　　　　　　（　　）

73. 钎焊铸件与低碳钢接头的最大缺点是热应力大，易产生裂纹。　　　（　　）

74. 采用 J422 焊条焊接铸铁与低碳钢接头，可以减少焊缝的热裂倾向。（　　）

75. 对要求不高的铸件与低碳钢接头可用 J422 焊条，但易产生热裂纹。（　　）

76. 用铸铁焊条焊接铸铁与低碳钢接头，可以得到碳钢组织的焊缝金属，但在堆焊层有白口组织。（　　）

77. 采用铸铁焊条焊接铸铁与低碳钢接头，其焊缝组织为灰铸铁。（　　）

78. 采用铸铁焊条焊接铸铁与低碳钢接头，必须在铸铁件上先堆焊一层，然后再对碳钢件点固焊接。（　　）

79. 射线检验评定焊缝质量按国家标准分为四级，其中Ⅳ级焊接缺陷最小、质量最好。（　　）

80. 在射线检验的胶片上，裂纹一般呈带曲折的黑色细条纹，两端较尖细、中部稍宽。（　　）

81. 微观金相检验是用肉眼或低倍放大镜来直接进行观察检查的。（　　）

82. 脉冲电流持续时间是控制母材热输入的主要参数，时间越长，母材的热输入就越大。（　　）

83. 射线探伤底片上表面气孔的特征是：黑圆形黑点，其黑度是中心较小并均匀向边缘加大。（　　）

84. 熔化极脉冲氩弧焊时，脉冲频率过高会失去脉冲焊的特点，过低焊接过程不稳定，所以一般小于 30 次/秒。（　　）

85. 脉冲 MIG 焊特别适合于热敏感性金属材料和薄、超薄板工件及薄壁管子的全位置焊接。（　　）

86. GB/T 3323—2005 规定，底片上长宽比小于 3 的缺陷定义为圆形缺陷。（　　）

87. GB/T 3323—2005 规定，底片上长宽比大于 3 的气孔、夹渣和夹钨定义为条形缺陷。（　　）

88. X 射线或 γ 射线之所以能用来探伤，主要原因是这些射线在金属内部能量会发生衰减。（　　）

89. 超声波探伤周期短、成本低、设备简单、操作安全，但判断缺陷性质直观性差。（　　）

90. 压力容器的 A、B、C、D、E 类焊缝均应采用双面焊或采用保证全焊透的单面焊缝。（　　）

91. 为保证梁的承载强度，梁的焊缝尺寸越大越有利。（　　）

92. 分析作业时间时，必须把基本时间与辅助时间联系起来，从而正确地计算到工时定额中去。（　　）

93. 辅助时间是每焊一个零、部件就重复一次，而基本时间可能是在焊接一定数量的零、部件后才重复。（　　）

94. 焊件边缘的检查和清理及焊条的更换时间属于基本时间。（　　）

95. 一般情况下，工时定额包括了生理需要时间和休息时间。（　　）

96. 相同的焊接方法完成不同的接头形式所需的基本时间是相同的。（　　）

97. 在相同的条件下，采用熔化效率高的焊接方法可缩短机动时间。（　　）

98．基本时间与焊缝长度成反比。　　　　　　　　　　　　　　　（　　）

99．质量管理就是指企业为了保证和提高产品质量，所进行的质量调查、计划、组织、协调、控制及信息反馈等各项管理工作的总称。　　　　　　　　　（　　）

100．质量保证体系文件包括质量手册、程序文件、作业指导书和质量记录表（卡、单）。　　　　　　　　　　　　　　　　　　　　　　　　　　　（　　）

四、简答题

1．热影响区最高硬度法能不能判断实际焊接产品的冷裂倾向？为什么？

2．为考核焊工的操作技能，试件焊后应进行哪些力学性能试验？

3．与射线探伤比，超声波探伤有什么特点？

4．磁粉探伤能不能用来检测焊缝内部的缺陷？为什么？

5．为什么容器需先经过无损探伤或焊后热处理后再进行水压试验？

6．水压试验时，为什么要控制水温？

7．水压试验时，为什么要缓慢升压？

8．焊接接头射线探伤的质量是如何分级的？

9．为什么说异种金属焊接要比同种金属焊接困难得多？

10．试分析珠光体钢与奥氏体不锈钢焊接时的焊接性。

11．12Cr18Ni9 与 Q235 钢焊接时，为什么要选用 A307 焊条，而不应选用 A102 焊条和 A407 焊条？

12．在图Ⅲ-1 所示焊接结构中，如何选择焊接顺序，以防止焊后弯曲变形？

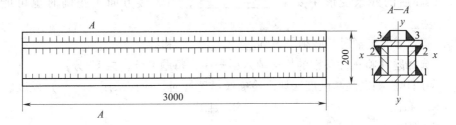

图Ⅲ-1

13．为什么奥氏体钢与珠光体钢焊接时，焊接接头处于高应力状态？

14．为什么珠光体钢与奥氏体钢焊接时，产生延迟裂纹的倾向大？

15．珠光体钢与奥氏体不锈钢焊接，其焊接材料的选用原则有哪些？

16．分别简述压力容器的哪些焊接接头分别属于 A 类、B 类、C 类、D 类和 E 类接头。

17．与一般金属结构比较，为什么压力容器对强度有更高的要求？

18．为什么压力容器用钢要严格限制其碳的质量分数？

19．减小梁、柱结构变形的方法有哪些？

20．什么叫工时定额？电弧焊的工时定额由哪些部分组成？

21．怎样进行工时定额的制定？

22．什么叫产量定额？它与工时定额的关系怎样？

23. 什么叫机动时间？影响因素有哪些?

24. 什么叫辅助时间？

模拟试卷（一）

一、填空题（把正确的答案填在横线空白处，每空1分，共15分）

1. 焊接冷裂纹的直接评定方法可以分成_____和_____两大类。

2. 气压试验的目的是_____。

3. 塑性好的材料，其焊接接头在弯曲试验时，弯曲角度的合格标准_____。

4. 奥氏体不锈钢与珠光体钢焊接时，在紧靠_____一侧熔合线的焊缝金属区域中，会形成和焊缝金属内部成分不同的_____。

5. 奥氏体不锈钢与珠光体钢焊接时的焊接接头中会产生较大的热应力，其原因是_____。

6. 奥氏体不锈钢和铜及铜合金焊接时最好的填充材料是_____。

7. 等离子弧焊产生双弧的原因是弧柱与喷嘴孔壁之间的冷气膜_____所造成。

8. D类接头受力条件较差，且存在较高的_____，故应采用_____的焊接接头。

9. 梁焊后的残余变形主要是_____，当焊接方向不正确时也可能产生_____。

10. 制定工时定额时，必须考虑到_____和_____。

二、选择题（将正确答案的代号填入括号中，每题1分，共10分）

1. 利用热影响区最高硬度法评定冷裂纹敏感性时，应该采用（　　）硬度。

　　A. 布氏　　　　　　　　　　　　B. 维氏

　　C. 洛氏

2. 气孔的分级是根据照相底片上（　　）的缺陷评定区域内气孔的点数。

　　A. $5 \times 10 \ mm^2$　　　　　　　B. $50 \times 50 \ mm^2$

　　C. $10 \times 50 \ mm^2$　　　　　　D. $10 \times 10 \ mm^2$

3. 斜Y形坡口焊接裂纹试验用试件板厚为（　　）mm。

　　A. $6 \sim 9$　　　　　　　　　　B. $9 \sim 38$

　　C. $\geqslant 38$　　　　　　　　　D. $\leqslant 6$

4. 对焊后需要无损探伤或热处理的容器，水压试验应在无损探伤和热处理（　　）进行。

　　A. 前　　　　　　　　　　　　　B. 后

　　C. 过程中

5. 奥氏体不锈钢与珠光体钢焊接时，选择焊接方法主要考虑的原则是（　　）。

　　A. 减少热输入　　　　　　　　　B. 防止产生裂纹

C. 减少母材熔合比　　　　　　D. 提高空载电压

6. 铸铁与低碳钢钎焊时，用（　　）可以提高钎焊强度及减少锌的蒸发。

  A. 中性焰　　　　　　　　　　B. 氧化焰

  C. 碳化焰　　　　　　　　　　D. 轻微碳化焰

7. 在电极与喷嘴之间产生的等离子弧为（　　）。

  A. 非转移型弧　　　　　　　　B. 转移型弧

  C. 联合型弧

8. 07Cr19Ni11Ti 与 Q235 焊接，如采用 E301 – 15 焊条，焊缝易产生（　　）。

  A. 冷裂纹　　　　　　　　　　B. 热裂纹

  C. 再热裂纹　　　　　　　　　D. 层状撕裂

9. （　　）接头是压力容器中受力最大的接头。

  A. A 类　　　　　　　　　　　B. B 类

  C. C 类　　　　　　　　　　　D. D 类

10. 焊前焊件坡口边缘的检查与清理时间属于（　　）时间。

  A. 机动　　　　　　　　　　　B. 辅助

  C. 基本

三、判断题（下列判断正确的请打"√"，错的打"×"，每题1分，共15分）

1. Z 向窗口试验是专门用来进行层状撕裂敏感性试验的一种方法。（　　）

2. 超声波探伤的主要优点是可以在屏幕上清楚地把焊缝内部的缺陷显示出来。

（　　）

3. 奥氏体不锈钢与珠光体钢焊接时，通过不锈钢组织图，可以得到在焊缝中避免产生马氏体组织的工艺措施。（　　）

4. 12Cr18Ni9 奥氏体不锈钢与 Q235 低碳钢焊接时，如果采用焊条电弧焊，则在焊缝中要避免产生马氏体是不可能的。（　　）

5. 奥氏体不锈钢与珠光体钢焊接时，由于电弧的高温加热，所以整个焊接熔池的化学成分是相当均匀的。（　　）

6. 奥氏体不锈钢与珠光体钢焊接时，过渡层的宽度决定于所用焊条的类型。

（　　）

7. 奥氏体不锈钢与珠光体钢焊接时，在熔合区的珠光体母材上会形成增碳区。

（　　）

8. "小孔效应"只有熔透型等离子弧焊才得到应用。（　　）

9. 压力容器的 D 类接头应采用局部焊透的单面焊或双面角焊缝。（　　）

10. 因为压力容器的制造成本较高，故对压力容器的使用年限应尽量设计长些，尤其是高压容器。（　　）

11. 焊接与切割作业现场的车辆通道宽度应≥3 m，人行通道应≥1.5 m。（　　）

12. 工时定额不是一成不变的时间极限，应该根据实际情况随时进行必要的修订。

（　　）

13. 在保证梁的承载能力的前提下，应该采用较小的焊缝尺寸。（　　）

14. 利用刚性固定法和反变形法，可有效地减少梁的焊接应力。　　　　（　　）

15. 刚性固定法虽对减少梁的焊接变形很有效，但焊接时必须考虑焊接顺序。

　　　　（　　）

四、简答题（共计 60 分）

1. 简述用碳当量法评定材料焊接时抗冷裂性的局限性。（5 分）

2. 脉冲 MIG 焊的焊接参数有哪些？（5 分）

3. 奥氏体不锈钢与珠光体钢焊接时，为什么常采用堆焊过渡层的工艺？（8 分）

4. 哪些情况属于异种金属的焊接？（9 分）

5. 穿透型等离子弧焊原理是什么？有何特点？（8 分）

6. 与一般金属结构比较，为什么压力容器对密封性有更高的要求？（7 分）

7. 试编制一合理的装配焊接工艺，使图Ⅲ-2 所示梁的焊接变形量最小。（12 分）

8. 缩短机动时间的措施有哪些？（6 分）

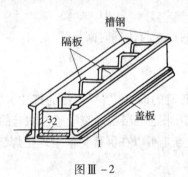

图Ⅲ-2

模拟试卷（二）

一、填空题（把正确的答案填在横线空白处，每空 1 分，共 15 分）

1. 水压试验的压力应＿＿＿＿＿＿产品的工作压力。

2. 测定不锈钢中铁素体含量的方法有＿＿＿＿＿＿和＿＿＿＿＿＿两种。

3. 煤油试验用于＿＿＿＿＿＿。

4. 穿透型等离子弧焊的焊接电流较大，厚板可以不开坡口和背面不用衬垫进行＿＿＿＿＿＿成形。

5. 奥氏体不锈钢与珠光体钢焊接时，选择焊接方法主要考虑的原则是＿＿＿＿。

6. 紫铜与低碳钢焊接时，为保证焊缝有较高的抗裂性能，焊缝中铁的含量应该控制在＿＿＿＿＿＿。

7. 采用气焊方法焊接铸铁与低碳钢时，必须对＿＿＿＿＿＿进行焊前预热，焊接时气焊火焰要偏向＿＿＿＿＿＿一侧。

8. A 类接头要求采用＿＿＿＿＿＿或＿＿＿＿＿＿的焊缝。

9. ＿＿＿＿＿＿法和＿＿＿＿＿＿法主要用来预防梁焊接后产生的角变形和弯曲

变形。

10. 辅助时间可分为_____的辅助时间和_____的辅助时间两类。

二、选择题（请将正确答案的代号填入括号中，每题 1 分，共 10 分）

1. 斜 Y 形坡口焊接裂纹试验在焊接试验焊缝时，须（　　　）焊。

　　A. 双面　　　　　　　　　　　B. 单面多道

　　C. 单面单道

2. 在照相底片上，如果单个气孔的尺寸超过母材厚度的 1/2 时，即作为（　　　）级。

　　A. Ⅰ　　　　　　　　　　　　　B. Ⅱ

　　C. Ⅲ　　　　　　　　　　　　　D. Ⅳ

3. 断口检验常用于（　　　）接头。

　　A. 管状　　　　　　　　　　　B. 板状

　　C. T 形　　　　　　　　　　　D. 船形

4. 水压试验时，应装设（　　　）只定期检验合格的压力表。

　　A. 1　　　　　　　　　　　　　B. 2

　　C. 3　　　　　　　　　　　　　D. 4

5. 奥氏体不锈钢与珠光体钢焊接时，应严格控制（　　　）的扩散，以提高接头的高温持久强度。

　　A. 碳　　　　　　　　　　　　B. 镍

　　C. 铬　　　　　　　　　　　　D. 铌

6. 奥氏体不锈钢和珠光体钢焊接时，焊缝的成分和组织主要决定于（　　　）。

　　A. 母材的熔合比　　　　　　　B. 母材的板厚

　　C. 母材的接头形式　　　　　　D. 焊接方法

7. 奥氏体不锈钢与珠光体钢焊接接头中的扩散层会降低接头的（　　　）。

　　A. 综合力学性能　　　　　　　B. 高温持久强度

　　C. 高温瞬时力学性能　　　　　D. 常温瞬时力学性能

8. 07Cr19Ni11Ti 不锈钢与 Q235A 钢焊接时，应选用（　　　）焊条。

　　A. J507　　　　　　　　　　　B. A307

　　C. J427　　　　　　　　　　　D. A137

9. 横向筋板应避免使用短筋板，因为其端部容易产生（　　　）。

　　A. 气孔　　　　　　　　　　　B. 变形

　　C. 夹渣　　　　　　　　　　　D. 裂纹

10. 领取生产任务单、图纸和焊接工艺卡片的时间属于（　　　）。

　　A. 作业时间　　　　　　　　　B. 辅助时间

　　C. 布置工作时间　　　　　　　D. 准备、结束时间

三、判断题（下列判断正确的请打"√"，错的打"×"，每题 1 分，共 15 分）

1. 焊接作业现场面积是否宽阔，要求每个焊工作业面积应≥4 m²。　　　　　（　　　）

2. 射线探伤底片在评定等级时，对夹渣和气孔是同等对待的。　　　　　　（　　　）

3. 奥氏体不锈钢中碳化物形成元素增加时，能降低奥氏体钢与珠光体钢焊接接头中扩散层的发展。　　　　　　　　　　　　　　　　　　　　　　　　（　　）

4. 奥氏体不锈钢与珠光体钢焊接时，在珠光体钢一侧焊接过渡层的目的是防止产生热裂纹。　　　　　　　　　　　　　　　　　　　　　　　　　　　（　　）

5. 焊接接头拉伸试验的目的之一是测定焊缝金属的抗拉强度。　　　　　（　　）

6. 非转移型弧可以直接加热焊件，常用于中等厚度以上焊件的焊接。　　（　　）

7. 奥氏体不锈钢的焊接性不能用碳当量来间接评定。　　　　　　　　　（　　）

8. 等离子弧焊时，电极应采用纯钨极，不得使用钍钨极和铈钨极。　　　（　　）

9. 压力容器制成后必须按规定进行水压试验，以确保其密封性。　　　　（　　）

10. 压力容器的刚性要求比一般金属结构高，且大于强度。　　　　　　　（　　）

11. 气压试验较水压试验安全，所以应用十分广泛。　　　　　　　　　　（　　）

12. 休息时间仅在繁重的体力劳动下才包括在工时定额内，在一般情况下，工时定额只包括生理需要时间。　　　　　　　　　　　　　　　　　　　　　　　（　　）

13. 由于梁的长、高比较大，故焊后其变形主要是扭曲变形，当焊接方向不正确时，焊后主要是扭曲变形。　　　　　　　　　　　　　　　　　　　　　　　（　　）

14. 反变形法可以用来克服梁焊接过程中产生的角变形和弯曲变形。　　　（　　）

15. 对于受力较大的T形接头和十字接头，在保证相同的强度条件下，采用开坡口的焊缝比一般角焊缝可减少焊缝金属，对减少变形是有利的。　　　　　　　（　　）

四、简答题（共计60分）

1. 用"斜Y形坡口焊接裂纹试验方法"如何进行再热裂纹的试验？（6分）

2. 如何在产品上截取力学性能试验试样？（10分）

3. 奥氏体不锈钢与珠光体钢焊接时，防止碳迁移的措施有哪些？并简述其焊接工艺特点。（16分）

4. 铸铁与低碳钢钎焊有何优、缺点？（10点）

5. 压力容器的焊接特点有哪些？（10分）

6. 缩短辅助时间的措施有哪些？（8分）

高级焊工理论知识练习题参考答案

一、填空题

1. 板厚；焊缝金属中扩散氢含量　　2. 组织因素；氢；焊接应力　　3. 碳当量法；根部裂纹敏感性评定法；热影响区最高硬度法　　4. 穿透型等离子弧焊；熔透型等离子弧焊；微束等离子弧焊　　5. X形；拘束；斜Y形；试验　　6. 低氢型；角变形；未焊透　　7. 3~8；单面焊双面　　8. 薄板；厚板　　9. 微束等离子弧焊；0.01~2 mm；金属丝网　　10. 压板对接焊接裂纹试验方法（FISCO）；T形接头焊接裂纹试验法；鱼骨状焊接裂纹试验方法　　11. 低碳钢和低合金高强度钢焊条；不锈钢焊条的焊接热裂纹试验　　12. 检测铝镁、钛合金薄板的热裂纹敏感性　　13. 离子气；保护气　　14. 铈钨极；正，反　　15. 斜Y形坡口焊接裂纹试验方法；改进里海拘束裂纹试验法　　16. 脉冲电流　　17. Z向窗口试验；Z向拉伸试验　　18. 焊接接头的抗拉强度不低于母材抗拉强度规定值的下限　　19. 环缝压扁；纵缝压扁　　20. 焊缝；熔合区；热影响区　　21. 四；Ⅰ级焊缝；Ⅳ级焊缝　　22. 裂纹；未熔合；未焊透；条状缺陷；裂纹；未熔合；未焊透　　23. 干法；湿法　　24. 表面缺陷；近表面缺陷；伪缺陷　　25. 宏观金相检验；微观金相检验　　26. 宏观检验；断口检验；钻孔检验　　27. 气孔；裂纹；夹渣　　28. 甘油法；水银法；气相色谱法；甘油法　　29. 方法A；方法B；方法C；方法D；方法E　　30. 5；15　　31. 暂停升压；试验压力　　32. 充气检查；沉水检查；氨气检查　　33. 空气；氮气；其他惰性气体；15℃　　34. 物理—化学；焊接方法；工艺　　35. 脱碳；软；增碳；硬；应力集中；高温持久强度；塑性　　36. 珠光体钢；过渡层　　37. 焊条；熔合比　　38. 与珠光体钢线膨胀系数相近且塑性好　　39. 过渡层　　40. 单相奥氏体+碳化物　　41. 小；小；大；根部　　42. 硬度；塑性；裂纹　　43. 合金成分；塑性；耐腐蚀性　　44. 奥氏体；铁素体；抗裂性　　45. 高铬镍　　46. 碳；一般的不锈钢　　47. 铸铁；灰铸铁　　48. 分段；80　　49. 铸铁；4~5　　50. 陡降；垂直下降　　51. 氧—乙炔；黄铜丝　　52. 离子气；保护气　　53. 强度；刚性；耐久性；密封性　　54. 对接接头；角接接头；搭接接头　　55. A类；B类；C类；D类　　56. 角焊缝　　57. 弯曲　　58. 工字形；箱形　　59. 封闭；刚性；外力　　60. 结构简单，焊接工作量小，应用广泛　　61. 实腹柱；格构柱　　62. 型钢实腹柱；钢板实腹柱；型钢实腹柱；钢板实腹柱　　63. 有铰柱脚；无铰柱脚　　64. 压缩　　65. 缀板式；缀条式　　66. 弯曲变形；角变形　　67. 产生弯曲变形；扭曲变形　　68. 工时定额；产量定额　　69. 直接用于焊接工作；基本时间；辅助时间　　70. 工作条件，生产条件

二、选择题

1. B　　2. A　　3. C　　4. A　　5. B　　6. B　　7. C　　8. A

9. C　　10. D　　11. A　　12. C　　13. C　　14. C　　15. B　　16. C

17. B　　18. C　　19. D　　20. A　　21. C　　22. C　　23. C

三、判断题

1. ×　　2. √　　3. ×　　4. ×　　5. ×　　6. ×　　7. √　　8. ×

9. ×　　10. ×　　11. √　　12. √　　13. ×　　14. √　　15. √　　16. √

17. √　　18. √　　19. √　　20. ×　　21. √　　22. √　　23. √　　24. √

25. √　　26. √　　27. √　　28. √　　29. √　　30. √　　31. √　　32. ×

33. ×　　34. √　　35. √　　36. √　　37. √　　38. √　　39. √　　40. √

41. √　　42. √　　43. √　　44. √　　45. √　　46. √　　47. √　　48. √

49. √　　50. √　　51. √　　52. √　　53. √　　54. √　　55. √　　56. √

57. √　　58. √　　59. √　　60. √　　61. √　　62. √　　63. √　　64. √

65. ×　　66. √　　67. √　　68. √　　69. √　　70. ×　　71. √　　72. √

73. √　　74. √　　75. √　　76. √　　77. √　　78. √　　79. √　　80. √

81. ×　　82. √　　83. √　　84. ×　　85. √　　86. ×　　87. √　　88. √

89. √　　90. √　　91. √　　92. √　　93. √　　94. √　　95. √　　96. ×

97. √　　98. ×　　99. √　　100. √

四、简答题

1. 答：热影响区最高硬度法不能用于判断实际焊接产品的冷裂倾向。因为此法只考虑了组织因素对形成冷裂纹的影响，没有涉及氢和焊接应力的影响，所以不能借以判断实际焊接产品的冷裂倾向。

2. 答：由于拉伸试验、冲击试验和硬度试验值主要取决于所用的焊接材料和焊接工艺，受焊工操作技能的影响较小；而焊工操作时产生的咬边、熔合区熔合不良、根部未焊透、内凹、层间夹渣等缺陷都将影响弯曲角度值。故为考核焊工的操作技能，应将试件进行弯曲试验。

3. 答：与射线探伤比，超声波探伤具有下述特点：

（1）对薄件及近表面缺陷不灵敏；适用于厚件。

（2）探伤周期短；设备简单；成本低；对人体无伤害。

（3）对焊接缺陷的性质无法直接判断。

4. 答：磁粉探伤不能用来检测焊缝内部的缺陷。因为：磁粉探伤时，如果缺陷位于焊缝表面或近表面，则磁力线会发生弯曲而在焊缝表面形成"漏磁"，这时如在该表面撒上磁粉，磁粉就会吸附在缺陷上，根据被吸附磁粉的形状、数量和厚薄程度，便可判断缺陷的大小和位置。如果缺陷出现在焊缝内部，则磁力线只会在缺陷周围发生弯曲，在焊缝表面不会产生"漏磁"，此时即使撒上磁粉，也不会被吸住，所以也就无从发现缺陷。因此，磁粉探伤不能用来检测焊缝内部缺陷。

5. 答：因为未经无损探伤的焊缝内部若存在焊接缺陷，则在这些缺陷周围就会形成应力集中；未经焊后热处理的焊件也有较大的焊接残余应力。两者在容器进行水压试验时，和水压应力叠加，容易导致容器破坏，所以应先经无损探伤，确证焊缝内没有超标缺陷，或经焊后热处理，消除焊接残余应力后，再进行水压试验。

6. 答：水压试验时，水温应高于5℃，以免容器在试验时发生脆性断裂。

7. 答：因为当压力逐渐升高时，变形也逐渐增加，筒体也逐渐趋于更圆，筒体中的压力就趋向于均匀。如果迅速升高压力，易使焊缝等处成形不均匀，造成形状不连续，此处的局部应力较高，尚未来得及缓解形状的不连续，应力尚未得到再分布，压力不断很快升高，只能使形状不连续处局部应力迅速增大，结果对容器的强度造成不利的影响。故水压试验时，应缓慢升压。

8. 答：根据 GB/T 3323—2005 规定，按存在的缺陷性质和数量，其接头质量等级可分为Ⅰ、Ⅱ、Ⅲ、Ⅳ四级。Ⅰ级焊缝内不允许存在裂纹、未熔合、未焊透和条形缺陷；Ⅱ级焊缝内不允许存在裂纹、未熔合和未焊透；Ⅲ级焊缝内不允许存在裂纹、未熔合以及双面焊和加垫板的单面焊中的未焊透；焊缝缺陷超过Ⅲ级者为Ⅳ级。

9. 答：因为异种金属焊接时，两种被焊金属的熔化温度不同、导热性能不同、比热容不同、电磁性不同、线膨胀系数不同，故异种金属焊接要比同种金属焊接困难得多。

10. 答：奥氏体不锈钢与珠光体钢是两种组织和成分都不相同的钢种，这就产生了与焊接同一金属所不同的下述问题：焊缝的稀释，过渡层形成，扩散层形成，焊接接头出现高应力，延迟裂纹。

11. 答：12Cr18Ni9 与 Q235 钢焊接时，如果采用 A102（18—8 型），因铬镍质量分数较低则焊缝会出现脆硬的马氏体组织；若采用 A407 焊条（25—20 型），焊缝为单相奥氏体，热裂倾向较大。采用 A307 焊条（25—13 型），如果把熔合比控制在40%以下，焊缝为奥氏体 + 铁素体双相组织，此时能得到较满意的力学性能和抗裂性，故应该采用 A307 焊条。

12. 答：图中所示焊接结构，由于焊缝与中性轴 $X - X$ 不对称，焊后将出现下挠弯曲变形。为减少弯曲变形，应先焊焊缝少的一侧。合理的焊接顺序是：两人位于焊缝两侧，进行对称焊接，先焊 1 - 1 焊缝，焊后将产生上拱变形。由于 1 - 1 焊缝焊后增加了结构刚性，再焊接 2 - 2 和 3 - 3 焊缝时，两者的焊接变形就能相互抵消，焊后基本上不会或很少产生下挠弯曲变形。考虑到大多采用平焊位置施焊，为减少翻转次数，可先焊 3 - 3 焊缝，最后焊 2 - 2 焊缝。

13. 答：因为奥氏体钢与珠光体钢焊接时，除了焊接时因局部加热而引起焊接应力外，还由于：

（1）珠光体钢与奥氏体钢线膨胀系数不同。

（2）奥氏体钢的导热性差，焊后冷却时收缩量的差异较大而导致在异种钢界面产生另一种性质的焊接残余应力。

故奥氏体钢与珠光体钢焊接时，其接头处于高应力状态。

14. 答：因为奥氏体钢与珠光体钢焊接时，其焊接熔池在结晶过程中，既有奥氏体组织又有铁素体组织，而氢在两者中的溶解度又不相同，所以气体可以进行扩散，使扩散氢得以聚集，为产生延迟裂纹创造了条件。故此类异种钢接头的延迟裂纹倾向较大。

15. 答：（1）克服珠光体钢对焊缝的稀释作用。

（2）抑制熔合区中碳的扩散。

（3）改变焊接接头的应力分布。

（4）提高焊缝金属抗热裂纹的能力。

16. 答：（1）A 类接头。圆筒部分（包括接管）和锥壳部分的纵向接头（多层包扎容器层板层纵向接头除外）、球形封头与圆筒连接的环向接头、各类凸形封头和平封头中的所有拼焊接头以及嵌入式的接管或凸缘与壳体对接连接的接头。

（2）B 类接头。壳体部分的环向接头、锥形封头小端与接管连接的接头、长颈法兰与壳体或接管连接的接头、平盖或管板与圆筒对接连接的接头以及接管间的对接环向接头。但已规定为 A 类的焊接接头除外。

（3）C 类接头。球冠形封头、平盖、管板与圆筒非对接连接的接头、法兰与壳体或接管连接的接头、内封头与圆筒的搭接接头以及多层包扎容器层板层纵向接头。但已规定为 A、B 类的焊接接头除外。

（4）D 类接头。接管（包括人孔圆筒）、凸缘、补强圈等与壳体连接的接头。但已规定为 A、B、C 类的焊接接头除外。

（5）E 类接头。非受压元件与受压元件的连接接头为 E 类接头。

17. 答：因为压力容器是带有爆炸危险的设备，其中介质多为易燃、有毒物，为了保证生产和工人的人身安全，因此，压力容器的每个部件都必须具有足够的强度，并且在应力集中的地方，如筒体上的开孔处，必要时还要进行适当的补强。为防止介质泄漏，对紧固件的强度也有很高的要求，故对压力容器的强度要求更高。

18. 答：因为压力容器是承受压力并且往往还盛有有毒、易燃介质，并由钢板经拼焊而成，所以要求容器用钢具有良好的焊接性。而碳是影响钢材焊接性的主要元素，碳的质量分数增加时，钢的焊接性显著恶化，产生裂纹的倾向迅速加大，故为保证压力容器的焊接接头质量，必须严格控制钢材中碳的质量分数。

19. 答：（1）减小焊缝尺寸。

（2）注意正确的焊接方向。

（3）采用合理的正确的装配——焊接顺序。

（4）采用正确的焊接顺序。

20. 答：工时定额是在一定的生产条件下，为完成某一工作所必须消耗的时间，是用时间表示的劳动定额。电弧焊的工时定额是由焊接作业时间、布置工作场地时间、休息和生理需要时间以及生产准备和结束所要进行工作的时间四个部分组成。

21. 答：焊接生产中工时定额的制定可以从经验和计算两个方面制定，有经验估计法、经验统计法、分析计算法三种制定方法。

（1）经验估计法。经验估计法是依靠经验，对图样、工艺文件和其他生产条件进行分析，用估计方法来确定工时定额。常用于多品单件生产和新产品试制时的工时定额计算。

（2）经验统计法。经验统计法是根据同类产品在以往生产中的实际工时统计资料，经过分析，并考虑到提高劳动生产效率的各项因素，再根据经验来确定工时定额的一种方法。此法简单易行，工作量小，但定额正确性较差。

（3）分析计算法。分析计算法是在充分挖掘生产潜力的基础上，按工时定额的各个组成部分来制定工时定额的方法。

22. 答：产量定额是指在一定的生产条件下，工人在单位时间内完成的产品数量，是用产量表示的劳动定额。

工时定额与产量定额之间的关系是：工时定额越低，产量定额就越高，产量定额是在工时定额的基础上计算出来的。

23. 答：所谓机动时间就是直接用于焊接工作的时间，即焊接基本时间。影响焊接工作时间有两个方面因素：

一是影响焊接基本时间质的因素，它包括接头形式、焊缝空间位置以及工作环境（室内、露天、高空、容器内等）。

二是影响焊接时间量的因素，它包括焊条熔化速度与形成焊缝所需的熔化金属质量 G。

24. 答：辅助时间是指焊工在焊接作业时，进行各种必要的辅助活动所消耗的时间。

模拟试卷（一）

一、填空题

1. 自拘束试验；外拘束试验　　2. 检查焊缝的致密性和强度　　3. 大　　4. 珠光体钢；过渡层　　5. 线膨胀系数与导热系数的差异较大　　6. 纯镍　　7. 击穿

8. 应力集中；全焊透　　9. 产生弯曲变形；扭曲变形　　10. 生产类型；具体的技术条件

二、选择题

1. B　　2. D　　3. B　　4. B　　5. C　　6. B　　7. A　　8. B

9. A　　10. B

三、判断题

1. √　　2. ×　　3. √　　4. ×　　5. ×　　6. √　　7. ×　　8. ×

9. ×　　10. ×　　11. √　　12. √　　13. √　　14. ×　　15. ×

四、简答题

1. 答：利用碳当量法来评定材料焊接时的抗冷裂性有着相当大的局限性，因为：

（1）碳当量公式是在某种试验情况下得到的，所以对钢材的适用范围有限。

（2）碳当量的计算值只表达了化学成分对冷裂倾向的影响。实际上，除化学成分以外，冷却速度对冷裂倾向的影响也相当大，而碳当量计算公式却未考虑进去。

（3）焊接热影响区中的最高加热温度和高温停留时间等参数能够影响组织，从而会影响冷裂纹敏感性，但是碳当量计算公式中也没能包括进去。

因此，碳当量计算公式只能在一定钢种范围内，概括地、相对地评价冷裂敏感性。

2. 答：脉冲 MIG 焊的焊接参数有脉冲电流、基值电流、脉冲电流时间、基值电流时间、脉冲频率、焊丝直径、焊接速度等。

3. 答：异种钢焊接时，采用堆焊过渡层的焊接工艺，是为了获得优质的接头质量和性能。例如，奥氏体不锈钢和珠光体钢焊接时，在珠光体耐热钢一侧堆焊过渡层是为了形成隔离层，降低扩散层尺寸和减少金属稀释，降低产生裂纹的倾向。

4. 答：从材料角度来看，属于异种金属焊接的情况有：异种钢焊接；异种有色金属的焊接；钢与有色金属的焊接。

从接头形式角度来看，属于异种金属焊接的情况有：两不同金属母材的接头；母材金属相同而采用不同的焊缝金属的接头；复合金属板的接头。

5. 答：焊接时，等离子弧将焊件的焊缝处金属加热到熔化状态，在焊件底部穿透形成一个小孔，即所谓的"小孔效应"（小孔面积保持在 $7 \sim 8 \text{ mm}^2$ 以下），熔化金属在表面张力的作用下，不会从小孔中滴落下去。随着等离子弧向前移动，熔池底部继续保持小孔，熔化金属则围绕着小孔向后流动并冷却结晶，最后形成正反面都有波纹的焊缝。

穿透型等离子弧焊采用的焊接电流较大（$100 \sim 300 \text{ A}$），适宜于焊 $3 \sim 8 \text{ mm}$ 厚的不锈钢、12 mm 以下钛合金、$2 \sim 6 \text{ mm}$ 厚的低碳钢或低合金钢及铜、镍的对接焊。它的主要优点是厚板可在不开坡口和背面不用衬垫时进行单面焊接双面成形（单道焊）。

6. 答：因为压力容器内物质有很多是易燃、易爆或有毒的，一旦泄漏出来，不但会造成生产上的损失，更重要的是会使操作工人中毒，甚至引起爆炸。因此，与一般金属结构比较，压力容器对密封性有更高的要求。

7. 答：如图Ⅲ－3 所示，先焊焊缝 2，故其中性轴为 $C—C$，因焊缝 1 在 $C—C$ 之下，焊缝 3 大部分位于 $C—C$ 之上，为减小弯曲挠度，可先焊焊缝 1，再焊焊缝 3。

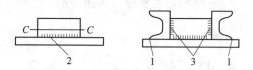

图Ⅲ—3

8. 答：缩短机动时间的措施有：
（1）选择合理的接头形式。
（2）采用最易施焊的空间位置。
（3）采用最佳的工作环境。
（4）采用先进的焊接方法。
（5）采用高生产率的焊接材料。

模拟试卷（二）

一、填空题

1. 大于　　2. 金相法；磁性法　　3. 不受压焊缝的密封性检查　　4. 单面焊双

面　　5. 减少熔合比　　6. 10% ~43%　　7. 低碳钢；低碳钢　　8. 双面焊；保证全部焊透的单面焊　　9. 刚性固定；反变形　　10. 与焊缝有关；与工件有关

二、选择题

1. A　　2. D　　3. A　　4. B　　5. A　　6. A　　7. B　　8. B
9. D　　10. D

三、判断题

1. √　　2. √　　3. ×　　4. ×　　5. ×　　6. ×　　7. √　　8. ×
9. √　　10. ×　　11. ×　　12. √　　13. ×　　14. √　　15. √

四、简答题

1. 答：用"斜Y形坡口焊接裂纹试验方法"进行再热裂纹试验时，试件的形状、尺寸和焊接参数都与冷裂敏感性的测定方法相同。区别在于，试验焊缝时要有足够的预热温度，以保证不产生冷裂纹。试验焊缝完成后，再将整个试件放入炉内进行消除应力热处理。

2. 答：由于力学性能试验属于破坏性试验，如果在产品上直接截取试样，将破坏整个产品。所以，通常采取产品试板取样法，即：如果焊缝是直缝，则可以在直缝的端头上直接焊一块试样板，产品焊缝的延伸就成为试验焊缝，焊后将试板切割下来，就能截取试样；如果焊缝是环缝，则无法在产品上焊接试板，这时只能另焊一块试样板，但应该由焊接产品的同一焊工，用与产品相同的材料、厚度和焊接工艺进行焊接。

3. 答：奥氏体不锈钢与珠光体耐热钢焊接时，防止碳迁移的措施有：

（1）尽量降低加热温度并缩短高温停留时间。

（2）在珠光体钢中增加碳化物形成元素（如 Cr、Mo、V、Ti 等），而在奥氏体钢中减少这些元素。

（3）提高奥氏体钢焊缝中镍的质量分数，利用其石墨化作用，阻碍形成碳化物，减小扩散层。

（4）控制珠光体钢中碳的质量分数。

4. 答：铸铁与低碳钢钎焊具有下述优点：

（1）由于焊件本身不熔化，熔合区不会产生白口组织，接头能达到铸铁的强度，并具有良好的切削加工性能。

（2）焊接时应力小，不易产生裂纹。

铸铁与低碳钢钎焊的不足之处表现在：

（1）黄铜丝价格高。

（2）钎焊过程中，铜渗入母材晶界处将造成脆性。

5. 答：压力容器的焊接特点表现在：

（1）由产品工作性质决定，对焊接质量要求高。

（2）局部结构受力复杂。

（3）钢种品种多，焊接性差。

（4）新工艺、新技术应用广。

（5）对操作工人技术素质要求高，需持证上岗。

（6）有关焊接规程及管理制度完备，要求严格。

6. 答：辅助时间可分为与焊缝有关的辅助时间和与工件有关的辅助时间两种。

（1）缩短与焊缝有关的辅助时间，即更换焊条及引弧的时间、消除飞溅的时间、测量、检查焊缝的时间、焊前焊件坡口边缘的检查与清理时间。

（2）缩短与工件有关的辅助时间，即焊件的翻转时间、焊件的装卸时间、打钢印的时间。

高级焊工技能操作考核试题及评分标准

试题1 低碳钢或低合金钢板 V 形坡口对接仰位焊条电弧焊

1. 材料要求

（1）试件材料、尺寸：Q245R（20 钢、Q235 – A）或 Q345（Q345R）、300 mm ×100 mm ×12 mm 两件，焊件及技术要求如图3—1 所示。

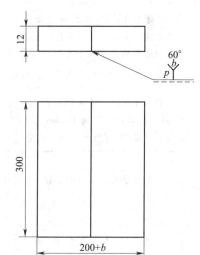

技术要求
1. 单面焊双面成形。
2. 钝边、间隙、反变形自定。
3. 试件离地面高度自定。

图 3—1 低碳钢或低合金钢板 V 形坡口对接仰位焊试件图

（2）焊材与母材相匹配，建议选用 E4303（E4315）或 E5015，$\phi 2.5$ mm 或 $\phi 3.2$ mm焊条。

2. 考核要求

（1）焊条必须按要求规定烘干，随用随取。

（2）焊前清理坡口，露出金属光泽。

（3）试件的空间位置符合仰焊要求。

（4）试件一经施焊不得任意改变焊接位置。

（5）焊缝表面清理干净，并保持焊缝原始状态。

（6）定位焊在试件背面两端 20 mm 范围内。

（7）焊接操作时间为 45 min。

3. 评分标准

评分标准见表3—1。

表 3—1   评 分 标 准

序号	考核内容	考核要点	配分	评分标准	检测结果	扣分	得分
1	焊前准备	劳保着装及工具准备齐全，并符合要求，参数设置、设备调试正确	5	劳保着装不符合要求，参数设置、设备调试不正确有一项扣1分			
2	焊接操作	试件固定的空间位置符合要求	10	试件固定的空间位置超出规定范围不得分			
3	焊缝外观	焊缝表面不允许有焊瘤、气孔、夹渣	10	出现任何一种缺陷不得分			
		焊缝咬边深度≤0.5 mm，两侧咬边总长不超过焊缝有效长度的15%	8	焊缝咬边深度≤0.5 mm，累计长度每5 mm扣1分，累计长度超过焊缝有效长度的15%不得分；咬边深度>0.5 mm不得分			
		背面凹坑深度≤25%δ，且≤1 mm	8	背面凹坑深度≤25%δ，且≤1 mm，累计长度每10 mm扣1分；背面凹坑深度>1 mm不得分			
		正面焊缝余高0~3 mm，余高差≤2 mm；焊缝宽度比坡口每侧增宽0.5~2.5 mm，宽度差≤3 mm	10	每种尺寸超差一处扣2分，扣完为止			
		焊缝成形美观，纹理均匀、细密，高低宽窄一致	6	焊缝平整，焊纹不均匀，扣2分；外观成形一般，焊缝平直，局部高低、宽窄不一致扣3分；焊缝弯曲，高低宽窄明显不得分			
		错边≤10%δ	5	超差不得分			
		焊后角变形≤3°	3	超差不得分			
4	内部质量	X射线探伤	30	Ⅰ级片不扣分，Ⅱ级片扣10分，Ⅲ级片扣20分，Ⅳ级不得分			
5	其他	安全文明生产	5	设备、工具复位，试件、场地清理干净，有一处不符合要求扣1分			
6	定额	操作时间		超时停止操作			
合计			100				

否定项：1. 焊缝表面存在裂纹、未熔合及烧穿缺陷。2. 焊接操作时任意更改试件焊接位置。3. 焊缝原始表面被破坏。4. 焊接时间超出定额。

试题2 低碳钢或低合金钢小直径管水平固定加障碍焊条电弧焊

1. 材料要求

（1）试件材料、尺寸：20钢或Q345、$\phi60\ mm×100\ mm×5\ mm$两件，焊件及技术要求如图3—2所示。

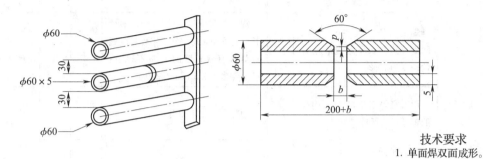

技术要求
1. 单面焊双面成形。
2. 钝边、间隙自定。
3. 试件离地面高度自定。

图3—2 低碳钢或低合金钢小直径管水平固定加障碍焊试件图

（2）焊材与母材相匹配，建议选用E4303（E4315）或E5015，$\phi2.5\ mm$、$\phi3.2\ mm$焊条。

2. 考核要求

（1）焊条必须按要求规定烘干，随用随取。

（2）焊前清理坡口，露出金属光泽。

（3）试件的空间位置符合水平固定加障碍焊要求。

（4）试件一经施焊不得任意改变焊接位置。

（5）焊缝表面清理干净，并保持焊缝原始状态。

（6）试件应仿照时钟位置打上焊接位置的钟点记号，定位焊不得在6点处。

（7）焊接操作时间为45 min。

3. 评分标准

评分标准见表3—2。

表3—2　　　　　　　　　　　　评 分 标 准

序号	考核内容	考核要点	配分	评分标准	检测结果	扣分	得分
1	焊前准备	劳保着装及工具准备齐全，并符合要求，参数设置、设备调试正确	5	劳保着装不符合要求，参数设置、设备调试不正确有一项扣1分			
2	焊接操作	试件固定的空间位置符合要求	10	试件固定的空间位置超出规定范围不得分			

序号	考核内容	考核要点	配分	评分标准	检测结果	扣分	得分
3	焊缝外观	焊缝表面不允许有焊瘤、气孔、夹渣	10	出现任何一种缺陷不得分			
		焊缝咬边深度≤0.5 mm，两侧咬边总长不超过焊缝有效长度的15%	10	焊缝咬边深度≤0.5 mm，累计长度每5 mm扣1分，累计长度超过焊缝有效长度的15%不得分；咬边深度＞0.5 mm不得分			
		用直径等于0.85倍管内径的钢球进行通球试验	10	通球不合格不得分			
		焊缝余高0～3 mm，余高差≤2 mm；焊缝宽度比坡口每侧增宽0.5～2.5 mm，宽度差≤3 mm	10	每种尺寸超差一处扣2分，扣完为止			
		焊缝成形美观，纹理均匀、细密，高低宽窄一致	6	焊缝平整，焊纹不均匀，扣2分；外观成形一般，焊缝平直，局部高低、宽窄不一致扣4分；焊缝弯曲，高低宽窄明显不得分			
		焊后角变形≤3°	4	超差不得分			
4	内部质量	X射线探伤	30	Ⅰ级片不扣分，Ⅱ级片扣10分，Ⅲ级及以下不得分			
5	其他	安全文明生产	5	设备、工具复位，试件、场地清理干净，有一处不符合要求扣1分			
6	定额	操作时间		超时停止操作			
	合计		100				

否定项：1. 焊缝表面存在裂纹、未熔合及烧穿缺陷。2. 焊接操作时任意更改试件焊接位置。3. 焊缝原始表面被破坏。4. 焊接时间超出定额。

试题3　低碳钢或低合金钢小直径管垂直固定加障碍焊条电弧焊

1. 材料要求

（1）试件材料、尺寸：20钢或Q345、ϕ60 mm×100 mm×5 mm两件，焊件及技术要求如图3—3所示。

（2）焊材与母材相匹配，建议选用E4303（E4315）或E5015，ϕ2.5 mm、ϕ3.2 mm焊条。

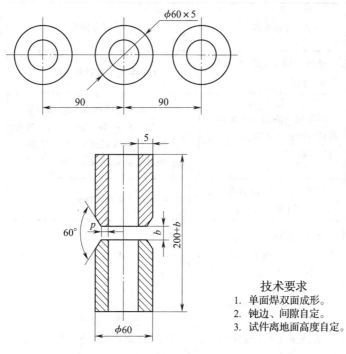

技术要求
1. 单面焊双面成形。
2. 钝边、间隙自定。
3. 试件离地面高度自定。

图 3—3　低碳钢或低合金钢小直径管垂直固定加障碍焊试件图

2. 考核要求

（1）焊条必须按要求规定烘干，随用随取。

（2）焊前清理坡口，露出金属光泽。

（3）试件的空间位置符合垂直固定加障碍焊要求。

（4）试件一经施焊不得任意改变焊接位置。

（5）焊缝表面清理干净，并保持焊缝原始状态。

（6）焊接操作时间为 45 min。

3. 评分标准

评分标准见表 3—3。

表 3—3　　　　　　　　　　评 分 标 准

序号	考核内容	考核要点	配分	评分标准	检测结果	扣分	得分
1	焊前准备	劳保着装及工具准备齐全，并符合要求，参数设置、设备调试正确	5	劳保着装不符合要求，参数设置、设备调试不正确有一项扣1分			
2	焊接操作	试件固定的空间位置符合要求	10	试件固定的空间位置超出规定范围不得分			

序号	考核内容	考核要点	配分	评分标准	检测结果	扣分	得分
3	焊缝外观	焊缝表面不允许有焊瘤、气孔、夹渣	10	出现任何一种缺陷不得分			
		焊缝咬边深度≤0.5 mm，两侧咬边总长不超过焊缝有效长度的15%	10	焊缝咬边深度≤0.5 mm，累计长度每5 mm扣1分，累计长度超过焊缝有效长度的15%不得分；咬边深度>0.5 mm不得分			
		用直径等于0.85倍管内径的钢球进行通球试验	10	通球不合格不得分			
		焊缝余高0~3 mm，余高差≤2 mm；焊缝宽度比坡口每侧增宽0.5~2.5 mm，宽度差≤3 mm	10	每种尺寸超差一处扣2分，扣完为止			
		焊缝成形美观，纹理均匀、细密，高低宽窄一致	6	焊缝平整，焊纹不均匀，扣2分；外观成形一般，焊缝平直，局部高低、宽窄不一致扣4分；焊缝弯曲，高低宽窄明显不得分			
		焊后角变形≤3°	4	超差不得分			
4	内部质量	X射线探伤	30	Ⅰ级片不扣分，Ⅱ级片扣10分，Ⅲ级及以下不得分			
5	其他	安全文明生产	5	设备、工具复位，试件、场地清理干净，有一处不符合要求扣1分			
6	定额	操作时间		超时停止操作			
	合计		100				

否定项：1. 焊缝表面存在裂纹、未熔合及烧穿缺陷。2. 焊接操作时任意更改试件焊接位置。3. 焊缝原始表面被破坏。4. 焊接时间超出定额。

试题4　不锈钢小直径管垂直固定焊条电弧焊

1. 材料要求

（1）试件材料、尺寸：06Cr19Ni10（0Cr18Ni9）、ϕ60 mm × 100 mm × 5 mm 两件，焊件及技术要求如图3—4所示。

（2）焊材与母材相匹配，建议选用 E308-15（A107）、E308-16（A102）ϕ2.5 mm、ϕ3.2 mm 焊条。

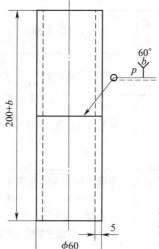

技术要求
1. 单面焊双面成形。
2. 钝边、间隙自定。
3. 试件离地面高度自定。

图 3—4　不锈钢小直径管垂直固定焊试件图

2. 考核要求

（1）焊前清理坡口，露出金属光泽，焊丝除锈。

（2）试件的空间位置符合垂直固定焊要求。

（3）试件一经施焊不得任意改变焊接位置。

（4）焊缝表面清理干净，并保持焊缝原始状态。

（5）焊接操作时间为 30 min。

3. 评分标准

评分标准见表 3—4。

表 3—4　　　　　　　　　　　　评 分 标 准

序号	考核内容	考核要点	配分	评分标准	检测结果	扣分	得分
1	焊前准备	劳保着装及工具准备齐全，并符合要求，参数设置、设备调试正确	5	劳保着装不符合要求，参数设置、设备调试不正确有一项扣1分			
2	焊接操作	试件固定的空间位置符合要求	10	试件固定的空间位置超出规定范围不得分			
3	焊缝外观	焊缝表面不允许有焊瘤、气孔、夹渣	10	出现任何一种缺陷不得分			
		焊缝咬边深度≤0.5 mm，两侧咬边总长不超过焊缝有效长度的15%	10	焊缝咬边深度≤0.5 mm，累计长度每5 mm扣1分，累计长度超过焊缝有效长度的15%不得分；咬边深度>0.5 mm不得分			

序号	考核内容	考核要点	配分	评分标准	检测结果	扣分	得分
3	焊缝外观	用直径等于 0.85 倍管内径的钢球进行通球试验	10	通球不合格不得分			
		焊缝余高 0～3 mm，余高差≤2 mm；焊缝宽度比坡口每侧增宽 0.5～2.5 mm，宽度差≤3 mm	10	每种尺寸超差一处扣 2 分，扣完为止			
		焊缝成形美观，纹理均匀、细密，高低宽窄一致	6	焊缝平整，焊纹不均匀，扣 2 分；外观成形一般，焊缝平直，局部高低、宽窄不一致扣 4 分；焊缝弯曲，高低宽窄明显不得分			
		焊后角变形≤3°	4	超差不得分			
4	内部质量	X 射线探伤	30	Ⅰ级片不扣分，Ⅱ级片扣 10 分，Ⅲ级及以下不得分			
5	其他	安全文明生产	5	设备、工具复位，试件、场地清理干净，有一处不符合要求扣 1 分			
6	定额	操作时间		超时停止操作			
	合计		100				

否定项：1. 焊缝表面存在裂纹、未熔合及烧穿缺陷。2. 焊接操作时任意更改试件焊接位置。3. 焊缝原始表面被破坏。4. 焊接时间超出定额。

试题 5　不锈钢小直径管水平固定焊条电弧焊

1. 材料要求

（1）试件材料、尺寸：06Cr19Ni10（0Cr18Ni9）、ϕ60 mm×100 mm×5 mm 两件，焊件及技术要求如图 3—5 所示。

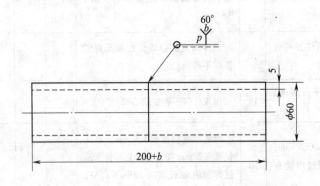

技术要求
1. 单面焊双面成形。
2. 钝边、间隙自定。
3. 试件离地面高度自定。

图 3—5　不锈钢小直径管水平固定焊试件图

（2）焊材与母材相匹配，建议选用 E308 - 15（A107）、E308 - 16（A102）ϕ2.5 mm、ϕ3.2 mm 焊条。

2. 考核要求

（1）焊前清理坡口，露出金属光泽，焊丝除锈。

（2）试件的空间位置符合水平固定焊要求。

（3）试件一经施焊不得任意改变焊接位置。

（4）焊缝表面清理干净，并保持焊缝原始状态。

（5）试件应仿照时钟位置打上焊接位置的钟点记号，定位焊不得在 6 点处。

（6）焊接操作时间为 30 min。

3. 评分标准

评分标准见表 3—5。

表 3—5　　　　　　　　　　评 分 标 准

序号	考核内容	考核要点	配分	评分标准	检测结果	扣分	得分
1	焊前准备	劳保着装及工具准备齐全，并符合要求，参数设置、设备调试正确	5	劳保着装不符合要求，参数设置、设备调试不正确有一项扣 1 分			
2	焊接操作	试件固定的空间位置符合要求	10	试件固定的空间位置超出规定范围不得分			
3	焊缝外观	焊缝表面不允许有焊瘤、气孔、夹渣	10	出现任何一种缺陷不得分			
		焊缝咬边深度≤0.5 mm，两侧咬边总长不超过焊缝有效长度的15%	10	焊缝咬边深度≤0.5 mm，累计长度每 5 mm 扣 1 分，累计长度超过焊缝有效长度的 15% 不得分；咬边深度 >0.5 mm 不得分			
		用直径等于 0.85 倍管内径的钢球进行通球试验	10	通球不合格不得分			
		焊缝余高 0 ~ 3 mm，余高差≤2 mm；焊缝宽度比坡口每侧增宽 0.5 ~ 2.5 mm，宽度差≤3 mm	10	每种尺寸超差一处扣 2 分，扣完为止			
		焊缝成形美观，纹理均匀、细密，高低宽窄一致	6	焊缝平整，焊纹不均匀，扣 2 分；外观成形一般，焊缝平直，局部高低、宽窄不一致扣 4 分；焊缝弯曲，高低宽窄明显不得分			
		焊后角变形≤3°	4	超差不得分			
4	内部质量	X 射线探伤	30	Ⅰ 级片不扣分，Ⅱ 级片扣 10 分，Ⅲ 级及以下不得分			

续表

序号	考核内容	考核要点	配分	评分标准	检测结果	扣分	得分
5	其他	安全文明生产	5	设备、工具复位，试件、场地清理干净，有一处不符合要求扣1分。			
6	定额	操作时间		超时停止操作			
	合计		100				

否定项：1. 焊缝表面存在裂纹、未熔合及烧穿缺陷。2. 焊接操作时任意更改试件焊接位置。3. 焊缝原始表面被破坏。4. 焊接时间超出定额。

试题 6 不锈钢小直径管45°倾斜固定焊条电弧焊

1. 材料要求

（1）试件材料、尺寸：06Cr19Ni10（0Cr18Ni9）、ϕ60 mm × 100 mm × 5 mm 两件，焊件及技术要求如图3—6所示。

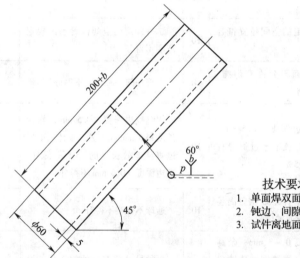

技术要求
1. 单面焊双面成形。
2. 钝边、间隙自定。
3. 试件离地面高度自定。

图3—6 不锈钢小直径管45°倾斜固定焊试件图

（2）焊材与母材相匹配，建议选用 E308 - 15（A107）、E308 - 16（A102） ϕ2.5 mm、ϕ3.2 mm 焊条。

2. 考核要求

（1）焊前清理坡口，露出金属光泽，焊丝除锈。

（2）试件的空间位置符合45°倾斜固定焊要求。

（3）试件一经施焊不得任意改变焊接位置。

（4）焊缝表面清理干净，并保持焊缝原始状态。

（5）试件应仿照时钟位置打上焊接位置的钟点记号，定位焊不得在 6 点处。

（6）焊接操作时间为 30 min。

3. 评分标准

评分标准见表 3—6。

表 3—6　　　　　　　　　　　　评 分 标 准

序号	考核内容	考核要点	配分	评分标准	检测结果	扣分	得分
1	焊前准备	劳保着装及工具准备齐全，并符合要求，参数设置、设备调试正确	5	劳保着装不符合要求，参数设置、设备调试不正确有一项扣 1 分			
2	焊接操作	试件固定的空间位置符合要求	10	试件固定的空间位置超出规定范围不得分			
3	焊缝外观	焊缝表面不允许有焊瘤、气孔、夹渣	10	出现任何一种缺陷不得分			
		焊缝咬边深度 ≤0.5 mm，两侧咬边总长不超过焊缝有效长度的 15%	10	焊缝咬边深度 ≤0.5 mm，累计长度每 5 mm 扣 1 分，累计长度超过焊缝有效长度的 15% 不得分；咬边深度 >0.5 mm 不得分			
		用直径等于 0.85 倍管内径的钢球进行通球试验	10	通球不合格不得分			
		焊缝余高 0~3 mm，余高差 ≤2 mm；焊缝宽度比坡口每侧增宽 0.5~2.5 mm，宽度差 ≤3 mm	10	每种尺寸超差一处扣 2 分，扣完为止			
		焊缝成形美观，纹理均匀、细密，高低宽窄一致	6	焊缝平整，焊纹不均匀，扣 2 分；外观成形一般，焊缝平直，局部高低、宽窄不一致扣 4 分；焊缝弯曲，高低宽窄明显不得分			
		焊后角变形 ≤3°	4	超差不得分			
4	内部质量	X 射线探伤	30	Ⅰ 级片不扣分，Ⅱ 级片扣 10 分，Ⅲ 级及以下不得分			
5	其他	安全文明生产	5	设备、工具复位，试件、场地清理干净，有一处不符合要求扣 1 分			
6	定额	操作时间		超时停止操作			
	合计		100				

否定项：1. 焊缝表面存在裂纹、未熔合及烧穿缺陷。2. 焊接操作时任意更改试件焊接位置。3. 焊缝原始表面被破坏。4. 焊接时间超出定额。

试题7 异种钢管水平固定焊条电弧焊

1. 材料要求

（1）试件材料、尺寸：20 钢、ϕ48 mm × 100 mm × 5 mm 一件，06Cr19Ni10（0Cr18Ni9）、ϕ48 mm × 100 mm × 5 mm 一件，焊件及技术要求如图3—7所示。

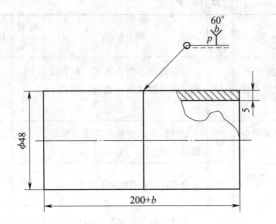

技术要求
1. 单面焊双面成形。
2. 钝边、间隙自定。
3. 试件离地面高度自定。

图3—7 异种钢管水平固定焊试件图

（2）焊材与母材相匹配，建议选用 E309－15（A307）、E309－16（A302）ϕ2.5 mm、ϕ3.2 mm 焊条。

2. 考核要求

（1）焊条必须按要求规定烘干，随用随取。

（2）焊前清理坡口，露出金属光泽。

（3）试件的空间位置符合管水平固定焊要求。

（4）试件一经施焊不得任意改变焊接位置。

（5）焊缝表面清理干净，并保持焊缝原始状态。

（6）试件应仿照时钟位置打上焊接位置的钟点记号，定位焊不得在6点处。

（7）焊接操作时间为 30 min。

3. 评分标准

评分标准见表3—7。

表3—7　　　　　　　　　　评 分 标 准

序号	考核内容	考核要点	配分	评分标准	检测结果	扣分	得分
1	焊前准备	劳保着装及工具准备齐全，并符合要求，参数设置、设备调试正确	5	劳保着装不符合要求，参数设置、设备调试不正确有一项扣1分			
2	焊接操作	试件固定的空间位置符合要求	10	试件固定的空间位置超出规定范围不得分			

序号	考核内容	考核要点	配分	评分标准	检测结果	扣分	得分
3	焊缝外观	焊缝表面不允许有焊瘤、气孔、夹渣	10	出现任何一种缺陷不得分			
		焊缝咬边深度≤0.5 mm，两侧咬边总长不超过焊缝有效长度的15%	10	焊缝咬边深度≤0.5 mm，累计长度每5 mm扣1分，累计长度超过焊缝有效长度的15%不得分；咬边深度>0.5 mm不得分			
		用直径等于0.85倍管内径的钢球进行通球试验	10	通球不合格不得分			
		焊缝余高0~3 mm，余高差≤2 mm；焊缝宽度比坡口每侧增宽0.5~2.5 mm，宽度差≤3 mm	10	每种尺寸超差一处扣2分，扣完为止			
		焊缝成形美观，纹理均匀、细密，高低宽窄一致	6	焊缝平整，焊纹不均匀，扣2分；外观成形一般，焊缝平直，局部高低、宽窄不一致扣4分；焊缝弯曲，高低宽窄明显不得分			
		焊后角变形≤3°	4	超差不得分			
4	内部质量	X射线探伤	30	Ⅰ级片不扣分，Ⅱ级片扣10分，Ⅲ级及以下不得分			
5	其他	安全文明生产	5	设备、工具复位，试件、场地清理干净，有一处不符合要求扣1分			
6	定额	操作时间		超时停止操作			
	合计		100				

否定项：1. 焊缝表面存在裂纹、未熔合及烧穿缺陷。2. 焊接操作时任意更改试件焊接位置。3. 焊缝原始表面被破坏。4. 焊接时间超出定额。

试题8　异种钢管垂直固定焊条电弧焊

1. 材料要求

（1）试件材料、尺寸：20钢、ϕ60 mm × 100 mm × 5 mm 一件，06Cr19Ni10（0Cr18Ni9）、ϕ60 mm ×100 mm ×5 mm 一件，焊件及技术要求如图3—8所示。

（2）焊材与母材相匹配，建议选用 E309 – 15（A307）、E309 – 16（A302） ϕ2.5 mm、ϕ3.2 mm 焊条。

2. 考核要求

（1）焊条必须按要求规定烘干，随用随取。

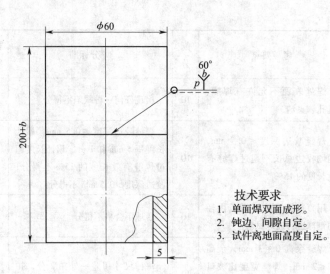

技术要求
1. 单面焊双面成形。
2. 钝边、间隙自定。
3. 试件离地面高度自定。

图3—8　异种钢管垂直固定焊试件图

（2）焊前清理坡口，露出金属光泽。

（3）试件的空间位置符合管垂直固定焊要求。

（4）试件一经施焊不得任意改变焊接位置。

（5）焊缝表面清理干净，并保持焊缝原始状态。

（6）焊接操作时间为30 min。

3. 评分标准

评分标准见表3—8。

表3—8　　　　　　　　　　　评 分 标 准

序号	考核内容	考核要点	配分	评分标准	检测结果	扣分	得分
1	焊前准备	劳保着装及工具准备齐全，并符合要求，参数设置、设备调试正确	5	劳保着装不符合要求，参数设置、设备调试不正确有一项扣1分			
2	焊接操作	试件固定的空间位置符合要求	10	试件固定的空间位置超出规定范围不得分			
3	焊缝外观	焊缝表面不允许有焊瘤、气孔、夹渣	10	出现任何一种缺陷不得分			
		焊缝咬边深度≤0.5 mm，两侧咬边总长不超过焊缝有效长度的15%	10	焊缝咬边深度≤0.5 mm，累计长度每5 mm扣1分，累计长度超过焊缝有效长度的15%不得分；咬边深度>0.5 mm不得分			
		用直径等于0.85倍管内径的钢球进行通球试验	10	通球不合格不得分			

序号	考核内容	考核要点	配分	评分标准	检测结果	扣分	得分
3	焊缝外观	焊缝余高 0 ~ 3 mm，余高差 ≤2 mm；焊缝宽度比坡口每侧增宽 0.5 ~ 2.5 mm，宽度差 ≤3 mm	10	每种尺寸超差一处扣 2 分，扣完为止			
		焊缝成形美观，纹理均匀、细密，高低宽窄一致	6	焊缝平整，焊纹不均匀，扣 2 分；外观成形一般，焊缝平直，局部高低、宽窄不一致扣 4 分；焊缝弯曲，高低宽窄明显不得分			
		焊后角变形≤3°	4	超差不得分			
4	内部质量	X 射线探伤	30	I 级片不扣分，II 级片扣 10 分，III 级及以下不得分			
5	其他	安全文明生产	5	设备、工具复位，试件、场地清理干净，有一处不符合要求扣 1 分			
6	定额	操作时间		超时停止操作			
合计			100				

否定项：1. 焊缝表面存在裂纹、未熔合及烧穿缺陷。2. 焊接操作时任意更改试件焊接位置。3. 焊缝原始表面被破坏。4. 焊接时间超出定额。

试题 9　低碳钢（低合金钢）V 形坡口对接仰位 CO_2（MAG）焊

1. 材料要求

（1）试件材料、尺寸：Q235A 钢（Q345、Q345R）、300 mm × 100 mm × 12 mm 两件，焊件及技术要求如图 3—9 所示。

（2）焊材与母材相匹配，建议选用 ER50 - 6 或 ER49 - 1（HO8Mn2SiA）、ϕ1.0 mm 或 ϕ1.2 mm 焊丝，100 % CO_2 气体或（80 % Ar + 20 % CO_2）气体。

2. 考核要求

（1）焊前清理坡口，露出金属光泽，焊丝除锈。

（2）试件的空间位置符合仰焊要求。

（3）试件一经施焊不得任意改变焊接位置。

（4）焊缝表面清理干净，并保持焊缝原始状态。

（5）定位焊在试件背面两端 20 mm 范围内。

（6）焊接操作时间为 45 min。

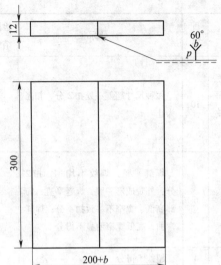

技术要求
1. 单面焊双面成形。
2. 钝边、间隙、反变形自定。
3. 试件离地面高度自定。

图3—9 低碳钢（低合金钢）V形坡口对接仰位焊试件图

3. 评分标准

评分标准见表3—9。

表3—9 评 分 标 准

序号	考核内容	考核要点	配分	评分标准	检测结果	扣分	得分
1	焊前准备	劳保着装及工具准备齐全，并符合要求，参数设置、设备调试正确	5	劳保着装不符合要求，参数设置、设备调试不正确有一项扣1分			
2	焊接操作	试件固定的空间位置符合要求	10	试件固定的空间位置超出规定范围不得分			
3	焊缝外观	焊缝表面不允许有焊瘤、气孔、夹渣	10	出现任何一种缺陷不得分			
		焊缝咬边深度≤0.5 mm，两侧咬边总长不超过焊缝有效长度的15%	8	焊缝咬边深度≤0.5 mm，累计长度每5 mm扣1分，累计长度超过焊缝有效长度的15%不得分；咬边深度>0.5 mm不得分			
		背面凹坑深度≤25%δ，且≤1 mm	8	背面凹坑深度≤25%δ，且≤1 mm，累计长度每10 mm扣1分；背面凹坑深度>1 mm不得分			
		正面焊缝余高0~3 mm，余高差≤2 mm；焊缝宽度比坡口每侧增宽0.5~2.5 mm，宽度差≤3 mm	10	每种尺寸超差一处扣2分，扣完为止			

序号	考核内容	考核要点	配分	评分标准	检测结果	扣分	得分
3	焊缝外观	焊缝成形美观，纹理均匀、细密，高低、宽窄一致	6	焊缝平整，焊纹不均匀，扣 2 分；外观成形一般，焊缝平直，局部高低、宽窄不一致扣 3 分；焊缝弯曲，高低、宽窄明显不得分			
		错边≤10%δ	5	超差不得分			
		焊后角变形≤3°	3	超差不得分			
4	内部质量	X 射线探伤	30	Ⅰ 级片不扣分，Ⅱ 级片扣 10 分，Ⅲ 级片扣 20 分，Ⅳ 级不得分			
5	其他	安全文明生产	5	设备、工具复位，试件、场地清理干净，有一处不符合要求扣 1 分			
6	定额	操作时间		超时停止操作			
	合计		100				

否定项：1. 焊缝表面存在裂纹、未熔合及烧穿缺陷。2. 焊接操作时任意更改试件焊接位置。3. 焊缝原始表面被破坏。4. 焊接时间超出定额。

试题 10　低合金钢小直径管水平固定加障碍 TIG 焊

1. 材料要求

（1）试件材料、尺寸：Q345、ϕ60 mm×100 mm×5 mm 两件，焊件及技术要求如图 3—10 所示。

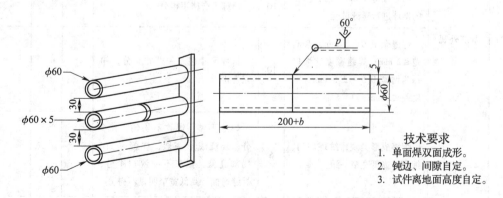

技术要求

1. 单面焊双面成形。
2. 钝边、间隙自定。
3. 试件离地面高度自定。

图 3—10　低合金钢小直径管水平固定加障碍焊试件图

（2）焊材与母材相匹配，建议选用 HO8MnA，$\phi2.5$ mm 焊丝，铈钨极、$\phi2.5$ mm，氩气纯度 99.99%。

2. 考核要求

（1）焊条必须按要求规定烘干，随用随取。

（2）焊前清理坡口，露出金属光泽。

（3）试件的空间位置符合水平固定加障碍焊要求。

（4）试件一经施焊不得任意改变焊接位置。

（5）焊缝表面清理干净，并保持焊缝原始状态。

（6）试件应仿照时钟位置打上焊接位置的钟点记号，定位焊不得在 6 点处。

（7）焊接操作时间为 45 min。

3. 评分标准

评分标准见表 3—10。

表 3—10　　　　　　　　　　评 分 标 准

序号	考核内容	考核要点	配分	评分标准	检测结果	扣分	得分
1	焊前准备	劳保着装及工具准备齐全，并符合要求，参数设置、设备调试正确	5	劳保着装不符合要求，参数设置、设备调试不正确有一项扣1分			
2	焊接操作	试件固定的空间位置符合要求	10	试件固定的空间位置超出规定范围不得分			
3	焊缝外观	焊缝表面不允许有焊瘤、气孔、夹渣	10	出现任何一种缺陷不得分			
		焊缝咬边深度≤0.5 mm，两侧咬边总长不超过焊缝有效长度的15%	10	焊缝咬边深度≤0.5 mm，累计长度每5 mm扣1分，累计长度超过焊缝有效长度的15%不得分；咬边深度>0.5 mm不得分			
		用直径等于0.85倍管内径的钢球进行通球试验	10	通球不合格不得分			
		焊缝余高0~3 mm，余高差≤2 mm；焊缝宽度比坡口每侧增宽0.5~2.5 mm，宽度差≤3 mm	10	每种尺寸超差一处扣2分，扣完为止			
		焊缝成形美观，纹理均匀、细密，高低宽窄一致	6	焊缝平整，焊纹不均匀，扣2分；外观成形一般，焊缝平直，局部高低、宽窄不一致扣4分；焊缝弯曲，高低宽窄明显不得分			
		焊后角变形≤3°	4	超差不得分			

续表

序号	考核内容	考核要点	配分	评分标准	检测结果	扣分	得分
4	内部质量	X 射线探伤	30	Ⅰ 级片不扣分，Ⅱ 级片扣 10 分，Ⅲ 级及以下不得分			
5	其他	安全文明生产	5	设备、工具复位，试件、场地清理干净，有一处不符合要求扣 1 分			
6	定额	操作时间		超时停止操作			
合计			100				

否定项：1. 焊缝表面存在裂纹、未熔合及烧穿缺陷。2. 焊接操作时任意更改试件焊接位置。3. 焊缝原始表面被破坏。4. 焊接时间超出定额。

试题 11　低合金钢小直径管垂直固定加障碍 TIG 焊

1. 材料要求

（1）试件材料、尺寸：Q345、$\phi60$ mm × 100 mm × 5 mm 两件，焊件及技术要求如图 3—11 所示。

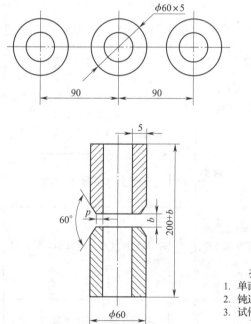

技术要求
1. 单面焊双面成形。
2. 钝边、间隙自定。
3. 试件离地面高度自定。

图 3—11　低合金钢小直径管垂直固定加障碍焊试件图

（2）焊材与母材相匹配，建议选用 HO8MnA，$\phi2.5$ mm 焊丝，铈钨极、$\phi2.5$ mm，氩气纯度 99.99%。

2. 考核要求

(1) 焊条必须按要求规定烘干，随用随取。

(2) 焊前清理坡口，露出金属光泽。

(3) 试件的空间位置符合垂直固定加障碍焊要求。

(4) 试件一经施焊不得任意改变焊接位置。

(5) 焊缝表面清理干净，并保持焊缝原始状态。

(6) 焊接操作时间为 45 min。

3. 评分标准

评分标准见表3—11。

表 3—11 评 分 标 准

序号	考核内容	考核要点	配分	评分标准	检测结果	扣分	得分
1	焊前准备	劳保着装及工具准备齐全，并符合要求，参数设置、设备调试正确	5	劳保着装不符合要求，参数设置、设备调试不正确有一项扣1分			
2	焊接操作	试件固定的空间位置符合要求	10	试件固定的空间位置超出规定范围不得分			
3	焊缝外观	焊缝表面不允许有焊瘤、气孔、夹渣	10	出现任何一种缺陷不得分			
		焊缝咬边深度≤0.5 mm，两侧咬边总长不超过焊缝有效长度的15%	10	焊缝咬边深度≤0.5 mm，累计长度每5 mm扣1分，累计长度超过焊缝有效长度的15%不得分；咬边深度>0.5 mm不得分			
		用直径等于0.85倍管内径的钢球进行通球试验	10	通球不合格不得分			
		焊缝余高0~3 mm，余高差≤2 mm；焊缝宽度比坡口每侧增宽0.5~2.5 mm，宽度差≤3 mm	10	每种尺寸超差一处扣2分，扣完为止			
		焊缝成形美观，纹理均匀、细密，高低宽窄一致	6	焊缝平整，焊纹不均匀，扣2分；外观成形一般，焊缝平直，局部高低、宽窄不一致扣4分；焊缝弯曲，高低宽窄明显不得分			
		焊后角变形≤3°	4	超差不得分			

序号	考核内容	考核要点	配分	评分标准	检测结果	扣分	得分
4	内部质量	X 射线探伤	30	Ⅰ级片不扣分，Ⅱ级片扣 10 分，Ⅲ级及以下不得分			
5	其他	安全文明生产	5	设备、工具复位，试件、场地清理干净，有一处不符合要求扣 1 分			
6	定额	操作时间		超时停止操作			
	合计		100				

否定项：1. 焊缝表面存在裂纹、未熔合及烧穿缺陷。2. 焊接操作时任意更改试件焊接位置。3. 焊缝原始表面被破坏。4. 焊接时间超出定额。

试题 12　不锈钢小直径管垂直固定 TIG 焊

1. 材料要求

（1）试件材料、尺寸：06Cr19Ni10（0Cr18Ni9）、ϕ60 mm × 100 mm × 5 mm 两件，焊件及技术要求如图 3—12 所示。

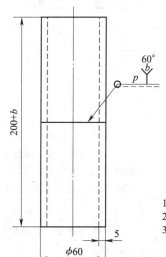

技术要求
1. 单面焊双面成形。
2. 钝边、间隙自定。
3. 试件离地面高度自定。

图 3—12　不锈钢小直径管垂直固定焊试件图

（2）焊材与母材相匹配，建议选用 H06Cr21Ni10、ϕ2.5 mm 焊丝，铈钨极、ϕ2.5 mm，氩气纯度 99.99%。

2. 考核要求

（1）焊前清理坡口，露出金属光泽，焊丝除锈。

（2）试件的空间位置符合垂直固定焊要求。

（3）试件一经施焊不得任意改变焊接位置。

（4）焊缝表面清理干净，并保持焊缝原始状态。

（5）焊接操作时间为 45 min。

3. 评分标准

评分标准见表 3—12。

表 3—12　　　　　　　　　　评 分 标 准

序号	考核内容	考核要点	配分	评分标准	检测结果	扣分	得分
1	焊前准备	劳保着装及工具准备齐全，并符合要求，参数设置、设备调试正确	5	劳保着装不符合要求，参数设置、设备调试不正确有一项扣1分			
2	焊接操作	试件固定的空间位置符合要求	10	试件固定的空间位置超出规定范围不得分			
3	焊缝外观	焊缝表面不允许有焊瘤、气孔、夹渣	10	出现任何一种缺陷不得分			
		焊缝咬边深度≤0.5 mm，两侧咬边总长不超过焊缝有效长度的15%	10	焊缝咬边深度≤0.5 mm，累计长度每5 mm扣1分，累计长度超过焊缝有效长度的15%不得分；咬边深度>0.5 mm不得分			
		用直径等于0.85倍管内径的钢球进行通球试验	10	通球不合格不得分			
		焊缝余高0～3 mm，余高差≤2 mm；焊缝宽度比坡口每侧增宽0.5～2.5 mm，宽度差≤3 mm	10	每种尺寸超差一处扣2分，扣完为止			
		焊缝成形美观，纹理均匀、细密，高低宽窄一致	6	焊缝平整，焊纹不均匀，扣2分；外观成形一般，焊缝平直，局部高低、宽窄不一致扣4分；焊缝弯曲，高低宽窄明显不得分			
		焊后角变形≤3°	4	超差不得分			
4	内部质量	X射线探伤	30	Ⅰ级片不扣分，Ⅱ级片扣10分，Ⅲ级及以下不得分			
5	其他	安全文明生产	5	设备、工具复位，试件、场地清理干净，有一处不符合要求扣1分			
6	定额	操作时间		超时停止操作			
	合计		100				

否定项：1. 焊缝表面存在裂纹、未熔合及烧穿缺陷。2. 焊接操作时任意更改试件焊接位置。3. 焊缝原始表面被破坏。4. 焊接时间超出定额。

试题 13 不锈钢小直径管水平固定 TIG 焊

1. 材料要求

（1）试件材料、尺寸：06Cr19Ni10（0Cr18Ni9）、$\phi 60$ mm×100 mm×5 mm 两件，焊件及技术要求如图 3—13 所示。

（2）焊材与母材相匹配，建议选用 H06Cr21Ni10、$\phi 2.5$ mm 焊丝，铈钨极、$\phi 2.5$ mm，氩气纯度 99.99%。

2. 考核要求

（1）焊前清理坡口，露出金属光泽，焊丝除锈。

（2）试件的空间位置符合水平固定焊要求。

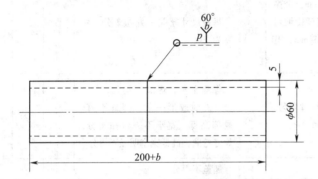

技术要求
1. 单面焊双面成形。
2. 钝边、间隙自定。
3. 试件离地面高度自定。

图 3—13 不锈钢小直径管水平固定焊试件图

（3）试件一经施焊不得任意改变焊接位置。

（4）焊缝表面清理干净，并保持焊缝原始状态。

（5）试件应仿照时钟位置打上焊接位置的钟点记号，定位焊不得在 6 点处。

（6）焊接操作时间为 45 min。

3. 评分标准

评分标准见表 3—13。

表 3—13　　　　　　　　　　评 分 标 准

序号	考核内容	考核要点	配分	评分标准	检测结果	扣分	得分
1	焊前准备	劳保着装及工具准备齐全，并符合要求，参数设置、设备调试正确	5	劳保着装不符合要求，参数设置、设备调试不正确有一项扣 1 分			
2	焊接操作	试件固定的空间位置符合要求	10	试件固定的空间位置超出规定范围不得分			
3	焊缝外观	焊缝表面不允许有焊瘤、气孔、夹渣	10	出现任何一种缺陷不得分			

续表

序号	考核内容	考核要点	配分	评分标准	检测结果	扣分	得分
3	焊缝外观	焊缝咬边深度 ≤ 0.5 mm，两侧咬边总长不超过焊缝有效长度的15%	10	焊缝咬边深度 ≤ 0.5 mm，累计长度每5 mm扣1分，累计长度超过焊缝有效长度的15%不得分；咬边深度 > 0.5 mm不得分			
		用直径等于0.85倍管内径的钢球进行通球试验	10	通球不合格不得分			
		焊缝余高0 ~ 3 mm，余高差 ≤ 2 mm；焊缝宽度比坡口每侧增宽0.5 ~ 2.5 mm，宽度差 ≤ 3 mm	10	每种尺寸超差一处扣2分，扣完为止			
		焊缝成形美观，纹理均匀、细密，高低宽窄一致	6	焊缝平整，焊纹不均匀，扣2分；外观成形一般，焊缝平直，局部高低、宽窄不一致扣4分；焊缝弯曲，高低宽窄明显不得分			
		焊后角变形 ≤ 3°	4	超差不得分			
4	内部质量	X射线探伤	30	Ⅰ级片不扣分，Ⅱ级片扣10分，Ⅲ级及以下不得分			
5	其他	安全文明生产	5	设备、工具复位，试件、场地清理干净，有一处不符合要求扣1分			
6	定额	操作时间		超时停止操作			
	合计		100				

否定项：1. 焊缝表面存在裂纹、未熔合及烧穿缺陷。2. 焊接操作时任意更改试件焊接位置。3. 焊缝原始表面被破坏。4. 焊接时间超出定额。

试题14 小直径异种钢管垂直固定 TIG 焊

1. 材料要求

（1）试件材料、尺寸：20钢、ϕ51 mm × 100 mm × 3.5 mm一件，06Cr19Ni10（0Cr18Ni9）、ϕ51 mm × 100 mm × 3.5 mm一件，焊件及技术要求如图3—14所示。

（2）焊材与母材相匹配，建议选用H03Cr24Ni13. ϕ2.5 mm焊丝，铈钨极、ϕ2.5 mm，氩气纯度99.99%。

2. 考核要求

（1）焊前清理坡口，露出金属光泽，焊丝除锈。

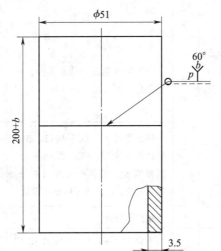

技术要求
1. 单面焊双面成形。
2. 钝边、间隙自定。
3. 试件离地面高度自定。

图 3—14 小直径异种钢管垂直固定焊试件图

（2）试件的空间位置符合垂直固定焊要求。

（3）试件一经施焊不得任意改变焊接位置。

（4）焊缝表面清理干净，并保持焊缝原始状态。

（5）焊接操作时间为 45 min。

3．评分标准

评分标准见表 3—14。

表 3—14 评 分 标 准

序号	考核内容	考核要点	配分	评分标准	检测结果	扣分	得分
1	焊前准备	劳保着装及工具准备齐全，并符合要求，参数设置、设备调试正确	5	劳保着装不符合要求，参数设置、设备调试不正确有一项扣1分			
2	焊接操作	试件固定的空间位置符合要求	10	试件固定的空间位置超出规定范围不得分			
3	焊缝外观	焊缝表面不允许有焊瘤、气孔、夹渣	10	出现任何一种缺陷不得分			
		焊缝咬边深度≤0.5 mm，两侧咬边总长不超过焊缝有效长度的15%	10	焊缝咬边深度≤0.5 mm，累计长度每5 mm扣1分，累计长度超过焊缝有效长度的15%不得分；咬边深度>0.5 mm不得分			
		用直径等于0.85倍管内径的钢球进行通球试验	10	通球不合格不得分			

序号	考核内容	考核要点	配分	评分标准	检测结果	扣分	得分
3	焊缝外观	焊缝余高 0 ~ 3 mm，余高差≤2 mm；焊缝宽度比坡口每侧增宽 0.5 ~ 2.5 mm，宽度差≤3 mm	10	每种尺寸超差一处扣2分，扣完为止			
		焊缝成形美观，纹理均匀、细密，高低宽窄一致	6	焊缝平整，焊纹不均匀，扣2分；外观成形一般，焊缝平直，局部高低、宽窄不一致扣4分；焊缝弯曲，高低宽窄明显不得分			
		焊后角变形≤3°	4	超差不得分			
4	内部质量	X 射线探伤	30	Ⅰ级片不扣分，Ⅱ级片扣10分，Ⅲ级及以下不得分			
5	其他	安全文明生产	5	设备、工具复位，试件、场地清理干净，有一处不符合要求扣1分			
6	定额	操作时间		超时停止操作			
合计			100				

否定项：1. 焊缝表面存在裂纹、未熔合及烧穿缺陷。2. 焊接操作时任意更改试件焊接位置。3. 焊缝原始表面被破坏。4. 焊接时间超出定额。

试题 15　异种钢管垂直固定 TIG + SMAW 焊

1. 材料要求

（1）试件材料、尺寸：20 钢、ϕ57 mm ×100 mm ×5 mm 一件，06Cr19Ni10（0Cr18Ni9）、ϕ57 mm ×100 mm ×5 mm 一件，焊件及技术要求如图 3—15 所示。

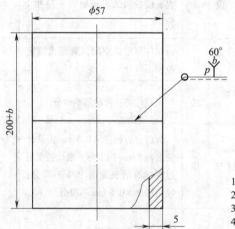

技术要求
1. 单面焊双面成形。
2. 钝边、间隙自定。
3. 试件离地面高度自定。
4. TIG焊打底，SMAW盖面。

图 3—15　异种钢管垂直固定 TIG + SMAW 焊试件图

（2）焊材与母材相匹配，建议选用 H03Cr24Ni13、ϕ2.5 mm 焊丝，铈钨极、ϕ2.5 mm，氩气纯度 99.99%；选用 E309－15（A307）、E309－16（A302）、ϕ2.5 mm、ϕ3.2 mm 焊条。

2. 考核要求

（1）焊条必须按要求规定烘干，随用随取。

（2）焊前清理坡口，露出金属光泽，焊丝除锈。

（3）试件的空间位置符合管垂直固定焊要求。

（4）试件一经施焊不得任意改变焊接位置。

（5）焊缝表面清理干净，并保持焊缝原始状态。

（6）焊接操作时间为 45 min。

3. 评分标准

评分标准见表 3—15。

表 3—15　　　　　　　　　　　评 分 标 准

序号	考核内容	考核要点	配分	评分标准	检测结果	扣分	得分
1	焊前准备	劳保着装及工具准备齐全，并符合要求，参数设置、设备调试正确	5	劳保着装不符合要求，参数设置、设备调试不正确有一项扣1分			
2	焊接操作	试件固定的空间位置符合要求	10	试件固定的空间位置超出规定范围不得分			
3	焊缝外观	焊缝表面不允许有焊瘤、气孔、夹渣	10	出现任何一种缺陷不得分			
		焊缝咬边深度≤0.5 mm，两侧咬边总长不超过焊缝有效长度的15%	10	焊缝咬边深度≤0.5 mm，累计长度每5 mm扣1分，累计长度超过焊缝有效长度的15%不得分；咬边深度>0.5 mm不得分			
		用直径等于0.85倍管内径的钢球进行通球试验	10	通球不合格不得分			
		焊缝余高0~3 mm，余高差≤2 mm；焊缝宽度比坡口每侧增宽0.5~2.5 mm，宽度差≤3 mm	10	每种尺寸超差一处扣2分，扣完为止			
		焊缝成形美观，纹理均匀、细密，高低宽窄一致	6	焊缝平整，焊纹不均匀，扣2分；外观成形一般，焊缝平直，局部高低、宽窄不一致扣4分；焊缝弯曲，高低宽窄明显不得分			
		焊后角变形≤3°	4	超差不得分			

序号	考核内容	考核要点	配分	评分标准	检测结果	扣分	得分
4	内部质量	X射线探伤	30	Ⅰ级片不扣分，Ⅱ级片扣10分，Ⅲ级及以下不得分			
5	其他	安全文明生产	5	设备、工具复位，试件、场地清理干净，有一处不符合要求扣1分			
6	定额	操作时间		超时停止操作			
合计			100				

否定项：1. 焊缝表面存在裂纹、未熔合及烧穿缺陷。2. 焊接操作时任意更改试件焊接位置。3. 焊缝原始表面被破坏。4. 焊接时间超出定额。

试题16 低合金钢管45°固定气焊

1. 材料要求

（1）试件材料、尺寸：Q345、$\phi60$ mm×100 mm×5 mm 两件，焊件及技术要求如图3—16所示。

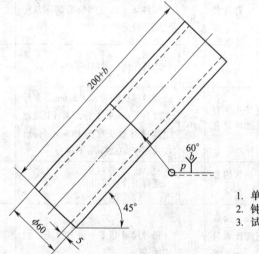

技术要求
1. 单面焊双面成形。
2. 钝边、间隙自定。
3. 试件离地面高度自定。

图3—16 低合金钢管45°固定焊试件图

（2）焊材与母材相匹配，建议选用 HO8MnA、$\phi2.5$ mm 焊丝。

2. 考核要求

（1）焊前清理坡口，露出金属光泽，焊丝除锈。

（2）试件的空间位置符合45°固定焊要求。

（3）试件一经施焊不得任意改变焊接位置。

（4）焊缝表面清理干净，并保持焊缝原始状态。

（5）试件应仿照时钟位置打上焊接位置的钟点记号，定位焊不得在 6 点处。

（6）焊接操作时间为 45 min。

3. 评分标准

评分标准见表 3—16。

表 3—16 评 分 标 准

序号	考核内容	考核要点	配分	评分标准	检测结果	扣分	得分
1	焊前准备	劳保着装及工具准备齐全，并符合要求，参数设置、设备调试正确	5	劳保着装不符合要求，参数设置、设备调试不正确有一项扣 1 分			
2	焊接操作	试件固定的空间位置符合要求	10	试件固定的空间位置超出规定范围不得分			
3	焊缝外观	焊缝表面不允许有焊瘤、气孔、夹渣	10	出现任何一种缺陷不得分			
		焊缝咬边深度 ≤0.5 mm，两侧咬边总长不超过焊缝有效长度的 15%	10	焊缝咬边深度 ≤0.5 mm，累计长度每 5 mm 扣 1 分，累计长度超过焊缝有效长度的 15% 不得分；咬边深度 >0.5 mm 不得分			
		用直径等于 0.85 倍管内径的钢球进行通球试验	10	通球不合格不得分			
		焊缝余高 0~3 mm，余高差 ≤2 mm；焊缝宽度比坡口每侧增宽 0.5~2.5 mm，宽度差 ≤3 mm	10	每种尺寸超差一处扣 2 分，扣完为止			
		焊缝成形美观，纹理均匀、细密，高低宽窄一致	6	焊缝平整，焊纹不均匀，扣 2 分；外观成形一般，焊缝平直，局部高低、宽窄不一致扣 4 分；焊缝弯曲，高低宽窄明显不得分			
		焊后角变形 ≤3°	4	超差不得分			

序号	考核内容	考核要点	配分	评分标准	检测结果	扣分	得分
4	内部质量	X射线探伤	30	Ⅰ级片不扣分，Ⅱ级片扣10分，Ⅲ级及以下不得分			
5	其他	安全文明生产	5	设备、工具复位，试件、场地清理干净，有一处不符合要求扣1分			
6	定额	操作时间		超时停止操作			
	合计		100				

否定项：1. 焊缝表面存在裂纹、未熔合及烧穿缺陷。2. 焊接操作时任意更改试件焊接位置。3. 焊缝原始表面被破坏。4. 焊接时间超出定额。

试题 17　低碳钢板 V 形坡口对接仰位 TIG 焊

1. 材料要求

（1）试件材料、尺寸：20 钢（Q235 - A）、300 mm × 100 mm × 6 mm 两件，焊件及技术要求如图 3—17 所示。

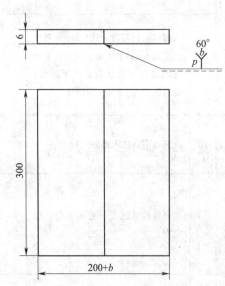

技术要求
1. 单面焊双面成形。
2. 钝边、间隙、反变形自定。
3. 试件离地面高度自定。

图 3—17　低碳钢板 V 形坡口对接仰位焊试件图

（2）焊材与母材相匹配，建议选用 H08A，ϕ2.5 mm 焊丝，铈钨极、ϕ2.5 mm，氩气纯度 99.99%。

2. 考核要求

（1）焊前清理坡口，露出金属光泽，焊丝除锈。

（2）试件的空间位置符合仰焊要求。

（3）试件一经施焊不得任意改变焊接位置。

（4）焊缝表面清理干净，并保持焊缝原始状态。

（5）定位焊在试件背面两端 20 mm 范围内。

（6）焊接操作时间为 45 min。

3. 评分标准

评分标准见表 3—17。

表 3—17　　　　　　　　　评 分 标 准

序号	考核内容	考核要点	配分	评分标准	检测结果	扣分	得分
1	焊前准备	劳保着装及工具准备齐全，并符合要求，参数设置、设备调试正确	5	劳保着装不符合要求，参数设置、设备调试不正确有一项扣 1 分			
2	焊接操作	试件固定的空间位置符合要求	10	试件固定的空间位置超出规定范围不得分			
3	焊缝外观	焊缝表面不允许有焊瘤、气孔、夹渣	10	出现任何一种缺陷不得分			
		焊缝咬边深度≤0.5 mm，两侧咬边总长不超过焊缝有效长度的15%	8	焊缝咬边深度≤0.5 mm，累计长度每 5 mm 扣 1 分，累计长度超过焊缝有效长度的 15% 不得分；咬边深度 >0.5 mm 不得分			
		背面凹坑深度≤25% δ，且≤1 mm	8	背面凹坑深度 ≤ 25% δ，且≤1 mm，累计长度每 10 mm 扣 1 分；背面凹坑深度 >1 mm 不得分			
		正面焊缝余高 0~3 mm，余高差≤2 mm；焊缝宽度比坡口每侧增宽 0.5~2.5 mm，宽度差≤3 mm	10	每种尺寸超差一处扣 2 分，扣完为止			
		焊缝成形美观，纹理均匀、细密，高低宽窄一致	6	焊缝平整，焊纹不均匀，扣 2 分；外观成形一般，焊缝平直，局部高低、宽窄不一致扣 3 分；焊缝弯曲，高低宽窄明显不得分			
		错边≤10% δ	5	超差不得分			
		焊后角变形≤3°	3	超差不得分			

序号	考核内容	考核要点	配分	评分标准	检测结果	扣分	得分
4	内部质量	X射线探伤	30	Ⅰ级片不扣分，Ⅱ级片扣10分，Ⅲ级片扣20分，Ⅳ级不得分			
5	其他	安全文明生产	5	设备、工具复位，试件、场地清理干净，有一处不符合要求扣1分			
6	定额	操作时间		超时停止操作			
	合计		100				

否定项：1. 焊缝表面存在裂纹、未熔合及烧穿缺陷。2. 焊接操作时任意更改试件焊接位置。3. 焊缝原始表面被破坏。4. 焊接时间超出定额。